工程地质实训指导书

韩 娟 主编

黄河水利出版社
·郑州·

内容提要

本书为工程地质实验指导书，共分两大部分，主要介绍矿物和岩石的鉴定及野外工程地质实习的目的、内容、方法和技能。

本书既可作为交通土建专业、道路桥梁工程技术专业、高等级公路维护与管理专业、工程监理专业、地质工程专业的实验教材，也可作为城建、水利等相关专业人员的学习参考用书。

图书在版编目(CIP)数据

工程地质实训指导书/韩娟主编. —郑州：黄河水利出版社，2013.7

(高职高专工程实训系列丛书)

ISBN 978-7-5509-0475-0

Ⅰ.①工… Ⅱ.①韩… Ⅲ.①工程地质-高等职业教育-教材 Ⅳ.①P642

中国版本图书馆 CIP 数据核字(2013)第 091871 号

出 版 社：黄河水利出版社

地址：河南省郑州市顺河路黄委会综合楼 14 层　　邮政编码：450003

发行单位：黄河水利出版社

发行部电话：0371-66026940、66020550、66028024、66022620(传真)

E-mail：hhslcbs@126.com

承印单位：黄河水利委员会印刷厂

开本：787 mm×1 092 mm　1/16

印张：3.5

字数：80 千字　　印数：1—3 000

版次：2013 年 7 月第 1 版　　印次：2013 年 7 月第 1 次印刷

定价：9.5 元

前　言

工程实训是道桥、建筑等专业的主干实践课程。近年来，工程建设领域科学技术的快速发展，使得工程实训也进入了突飞猛进的发展阶段。许多实训的检测标准、规范，特别是新出的实训标准，都发生了一定程度的变化。为了使学生的学习内容贴近生产实际，体现高等职业教育的特点和优势，满足新技术、新工艺、新规范的要求，我们编写了本套实训教材。本套教材在介绍日益变得先进的传统实训方法的同时，还介绍了当前具有广泛应用价值和前景的新的实训方法。在编写中，力求做到理论联系实际，注重科学性、实用性和针对性，采用了国家和相关部委发布的最新标准规范，如《公路工程岩石试验规程》(JTG E41—2005)、《公路工程集料试验规程》(JTG E42—2005)、《公路工程水泥及水泥混凝土试验规程》(JTG E30—2005)、《公路沥青路面施工技术规范》(JTG F40—2004)、《公路水泥混凝土路面施工技术规范》(JTG F30—2003)、《混凝土结构工程施工质量验收规范》(GB 50204—2002)、《普通混凝土配合比设计规程》(JGJ 55—2011)、《公路工程沥青及沥青混合料试验规程》(JTJ 052—2000)等。

本套教材具有以下特点：

(1)贯彻了国家和相关部委发布的最新的行业标准规范，保证了实效性，使教学与实际紧密结合。

(2)为突出高等职业教育的特点，本套实训教材的编写班子以双师型教师为主，并吸收了部分企业的技术人员参加教材的编、审工作，使教材更贴近实际，更能反映工程建设中最新的技术、工艺和方法。

(3)不追求内容的系统性和完整性，以够用、实用为原则，以实际操作为主。强化了实践教学，重点培养学生的动手能力和思维方法。

(4)以学生好学、教师上课方便为宗旨，将教学改革成果引入到教材中，力争为一线教师提供较全面的、立体化的教材。

(5)在教材内容的选取上，以三年制教学为主，也充分考虑了两年制教学的要求，可供三年制和两年制教学使用。

本套教材由郑州交通职业学院组织编写，具体编写人员如下：范兵、韩娟、王志洁、董庆伟、王一文、梁胜军。

由于我国工程实训方法快速发展，新方法、新工艺不断出现，且由于编写时间仓促，编者的水平有限，不妥与疏漏之处在所难免，恳请读者批评指正。

编　者

2013 年 2 月

目 录

第一部分　课堂实训

实训一　主要造岩矿物的认识

目前已发现的矿物约 3 000 种，而组成岩石的主要矿物——造岩矿物仅有 30 种左右。

一、实训目的与要求

认识造岩矿物的目的在于认识岩石，为鉴别和分析岩石的工程地质性质打下基础。熟悉并掌握鉴别矿物的一般方法及步骤，矿物的主要物理与化学特性。用肉眼及简便的方法来认识主要的造岩矿物。

实训前要求复习教材“造岩矿物”。重点阅读下列造岩矿物及其物理、化学特性：

正长石	斜长石	石英	云母	角闪石
白云石	方解石	辉石	石膏	绿泥石

二、主要设备

矿物标本一套；小刀；放大镜；条痕板（毛瓷板）；摩氏硬度计；稀盐酸。

三、学习的步骤与方法

1. 从教材可知，矿物的主要物理及化学特性有以下几方面：

形状（形态）；

光学性质：颜色、条痕、光泽、透明度；

力学性质：硬度、解理、断口、比重；

化学特性：与盐酸反应，它们是肉眼鉴别造岩矿物的主要依据。

（1）形状（形态）：指矿物的晶体外形和集合体的状态。如石英呈粒状、长石呈柱状、云母呈片状、方解石呈菱形六面体、角闪石多呈细长柱状或针状等。

（2）光学性质方面：

颜色——是区别主要造岩矿物的重要依据之一，指矿物新鲜表面的颜色。

光泽——指矿物的新鲜表面在反射光线时所呈现的光亮程度。

条痕——是指矿物粉末的颜色。通常是看矿物在条痕板上擦划后所留下的粉末的颜色。矿物的条痕可以与块体矿物的颜色一致，也可以不一致。如斜长石块体为白色，其条痕亦为白色；方铅矿块体为铅灰色，而条痕则为黑色。矿物条痕要比矿物块体的颜色稳定得多，故它是肉眼鉴定矿物的重要标志之一。

透明度——是指矿物透光能力的大小。矿物透明度是相对的，在矿物学中通常以1 cm 厚的矿物的透光度为准，将矿物分为透明的、半透明的和不透明的三个等级；但在岩矿鉴定工作中，通常取 0.03 mm 的薄片进行比较，则将矿物分为透明的和不透明的两种。

(3)力学性质方面:

硬度——是鉴定矿物的重要特征之一。硬度是指矿物抵抗摩擦或刻划的程度。

在野外用肉眼鉴定硬度时,通常采用简易的鉴定法,即指甲(2~2.5)、小刀(5~5.5)、玻璃(5.5~6)和钢刀(6~7)。

解理——也是鉴定矿物的重要特征之一。解理是矿物受敲击后总是沿着一定方向有规则的裂开,而且形成滑感的平面。这个平面叫解理面。

根据解理方向的数目可划分为:

①一向解理:如云母;

②二向解理:如长石;

③三向解理:如方解石。

断口——指矿物受外力打击后不出现解理面而沿不规则方向发生破裂。

断口类型:贝壳状(如石英),参差状(如黄铁矿),锯齿状(如石膏),土状(如高岭土),平坦状(如长石)等。

矿物的力学性质,除上述三项带有普遍鉴定意义外,还有某些矿物具有特殊意义的某些力学性质,如脆性(方铅矿)、韧性(软玉)、延展性(自然铜、自然银)、弹性(云母)、挠性(石棉)等。

(4)化学特性:

鉴定造岩矿物时,除可根据上述物理性质外,对于碳酸盐类矿物如方解石($CaCO_3$)、白云石($CaCO_3$ $MgCO_3$)可用盐酸(浓度为10%的溶液)反应特征来鉴别。

碳酸盐类矿物与盐酸作用产生化学反应逸出二氧化碳,形成所谓"泡沸",即

$$CaCO_3 + 2HCl \rightarrow CaCl_2 + H_2O + CO_2 \uparrow$$

2. 在掌握了矿物的上述物理特性后,可选择一二种特征明显的矿物(如石英、方解石)进行系统观察,练习基本的鉴别方法。

3. 在对每种矿物进行全面观察时,应注意矿物的鉴别特征。特别注意相似矿物的反复对比。

4. 认识已知矿物之后,即开始进行对未知矿物的鉴定,并填写报告。

四、某些矿物主要特征的描述与对比

(一)石英

石英:纯的石英为无色或乳白色,透明(含杂质时呈现各种颜色)。

结晶的石英:水晶的晶形为六方锥柱状。断面有明显的油脂光泽,硬度为7,断口为贝壳状。它出现在酸性岩浆岩、沉积岩和变质岩中,是一种极稳定的矿物。

此外,石英还有许多隐晶质变种,如燧石、蛋白石、玉髓和玛瑙等。

(二)长石类

正长石:肉红色,呈柱状或薄板状外形,玻璃光泽,两组完全正交解理,硬度为6,常见于酸性、中性岩浆岩中及沉积碎屑岩等岩石中。

斜长石:不同正长石之处,在于颜色灰白,两组中等斜交(交角为86.5°)解理。解理面上有细小条纹等。常见于基性岩浆岩等岩石中。

(三)云母与绿泥石

白云母:无色透明,玻璃或珍珠光泽,极完整的一组解理。硬度为2.5~3,具有弹性,是良好的绝缘材料。广泛分布在岩浆岩和变质岩中。

黑云母:和白云母不同之处,在于颜色为青黑色、褐色。比白云母易风化,从而大大降低力学强度。

绿泥石:颜色暗绿、薄片状。有挠性,但无弹性。硬度略低于云母类(2~2.5)。其抗滑性能低,易风化。

(四)方解石和白云石

方解石:为白色或乳白色,半透明,硬度为3。菱面形晶体。三组完全解理,与稀盐酸作用起泡。广泛存在于石灰岩中,大理石中也有。某些岩浆岩中可呈方解石脉出现。

白云石:物理性质和方解石相似,但硬度为3.5~4,和浓盐酸作用才起泡。主要存在于白云岩中,有时在大理岩、石灰岩中也可出现。

(五)角闪石与辉石

角闪石:长柱形或针形,晶体横断面形状为六边形,两组解理交角为56°,硬度为5.5~6,颜色为绿褐色。

辉石:短柱形,晶体横断面形状为八边形。两组解理交角为87°,硬度为6,颜色为黑绿色或褐绿色。

(六)硬石膏与石膏

硬石膏:呈板状或柱状,一般为白色,三组解理相互垂直。硬度为3~3.5。

石膏:不同于硬石膏。为一组解理,硬度为2。有透石膏和纤维石膏等。

造岩矿物鉴定报告

班级________ 姓名________________ 学号________________ 日期________________

标本号	主要物理、化学特征描述	鉴定特征	矿物名称

指导老师：	评阅老师：	得分：

实训二　主要岩浆岩的认识

一、实训的目的与要求

1. 通过对岩浆岩标本的观察，熟悉其结构、构造特征。

2. 在用肉眼及简便的方法鉴别主要矿物的基础上，分析岩浆岩的主要矿物成分。

3. 要求能用肉眼和放大镜认识主要岩浆岩中的矿物种类及数量，从而确定岩浆岩的名称和性能。

4. 实训前要求复习“岩浆岩”。重点阅读下列几种主要的岩浆岩：

花岗岩	闪长岩	辉长岩	流纹岩	粗面岩
安山岩	玄武岩	辉绿岩	凝灰岩	火山角砾岩

二、实训的步骤与方法

1. 首先根据岩石的结构、构造特征判断它的产出部位。属于深成侵入岩还是浅成侵入岩，或是喷出岩。

2. 再进一步观察它们的颜色、矿物成分、矿物组合。估计每种矿物的含量。确定该岩石属于哪一种岩类及名称。

三、常见的几种岩浆岩的描述

1. 花岗岩：是岩浆岩中最主要也是最常见的一种，它多呈夹灰白斑点的肉红色。其组成矿物主要为石英、长石和含量相对较少的云母、角闪石等。多为粗粒或中粒的等粒结构，块状构造，为深成侵入岩。

2. 闪长岩：颜色一般为浅灰色、黄黑色等（色之深浅和含的暗色矿物多少有关）。主要由斜长石和角闪石组成。一般为中细粒的等粒结构。块状构造，亦为深成侵入岩。

3. 辉长岩：多为具有白色斑点的暗绿色。主要组成矿物为辉长石，含少量黑云母及普通角闪石。粗中粒等粒结构，块状构造，为深成侵入岩。

4. 流纹岩：颜色为肉色、浅红或黄色。斑状结构。斑晶为正长石或石英。具显著的流纹状构造，为喷出岩类。

5. 粗面岩：色为浅红、褐黄、浅灰等。斑晶为正长石（一般不含石英）的斑状结构。表面粗糙，有时有小空隙。产状多为岩流覆盖层。

6. 安山岩：颜色复杂，常见的颜色有黑灰、浅绿、浅紫色等。成分同闪长岩。有时有斜长石或角闪石斑晶。石基极细，有时为隐晶质结构，多以岩流盖层或岩脉等产出。

7. 玄武岩：颜色有褐色、浅紫、深紫到黑色。成分同辉长岩，为隐晶质结构。有时为斑状结构或细粒结构。多具气孔状构造或杏仁状构造（气孔被次生矿物质填充）。具有柱状解理。它是分布最广的喷出岩类。

8. 辉绿岩：多为暗绿色、灰绿、暗紫等颜色。除含辉石、角闪石等原生矿物外，尚有次生的方解石、绿泥石等。隐晶质致密块状或斑状结构，多呈岩床或岩脉产出。

9. 凝灰岩：多呈灰白色，成分不固定，是由细粒的火山灰、火山尘等喷出物质胶结而成。具特有的火山构造。

10. 火山角砾岩：由比较粗大的火山喷发物固结而成。

岩浆岩鉴定报告

班级________姓名________________学号________________日期________________

标本号	结构	主要特征描述			岩石名称
		构造	颜色	矿物成分	

总结：

指导老师：	评阅老师：	得分：

实训三　主要沉积岩的认识

沉积岩是原岩(可以是任何类岩石)经风化剥蚀搬运而重新堆积形成的岩石。沉积岩在地壳表层分布最广,出露面积约占陆地表面积的75%,但平均厚度很小。

一、实训的目的与要求

1. 通过对沉积岩标本的观察,熟悉其结构、构造及物质组成特征。

2. 掌握主要沉积岩的基本类型,学会常见沉积岩的肉眼鉴定方法。

3. 实训前复习"沉积岩",重点复习沉积岩的结构和构造。

碎屑岩类:砾岩、角砾岩、砂岩。

黏土岩类:页岩、泥岩(黏土岩)。

化学岩类:石灰岩、白云岩、泥灰岩等。

二、实训的步骤与方法

(一)关于沉积岩的分类

沉积岩分类方法是很多的,如按成因将沉积岩分成碎屑岩、黏土岩、化学及生物岩。

按其是否经过了硬结成岩阶段,分为坚硬沉积岩(已被胶结固结的)和松散沉积岩(未经胶结固结的)两大类。松散沉积岩也称为松散堆积物。

此外,还可以按个别指标(如粒度、成分、颗粒大小等)、结构特征、物质成分(矿物颗粒、胶结物等)做进一步的分类(见附表1)。

(二)沉积岩结构的认识

1. 碎屑结构与碎屑岩

碎屑结构是由颗粒直径大于0.005 mm的岩石碎屑或矿物碎屑被胶结物黏结所形成的一种结构。具有碎屑结构的岩石称为碎屑岩。

常见的碎屑岩有砾岩、角砾岩和砂岩。

砾岩、角砾岩以及各种砂岩中,碎屑颗粒与胶结物间的组合形式称为胶结类型。常见的有基底胶结、孔隙胶结和接触胶结。

常见的胶结物质有硅质、铁质、钙质、泥质、钛质、石膏质和碳质等(见附表2)。

2. 泥质结构与泥质岩

泥质结构是由粒径小于0.005 mm的黏土矿物和胶体颗粒组成的。肉眼及一般显微镜都不能分辨其颗粒成分,需用电子显微镜才能观察微观结构。

常见的具泥质结构的岩石有泥岩(或黏土岩)、页岩。

3. 化学结构与化学岩

化学结构是由化学盐类或胶体沉淀、结晶形成的一种致密状结构。其中有一些集合体如鲕状(即鱼子状)、竹叶状、豆状和肾状等结构形式,肉眼尚可分辨。

其化学结构的沉积岩中,最常见的是石灰岩、白云岩和泥灰岩。

4. 生物结构与生物岩

生物结构是生物遗体堆积成岩所具有的结构。如贝壳石灰岩、珊瑚礁石灰岩等。

（三）沉积岩构造的认识

沉积岩的构造，是指其各个组成部分的空间分布和排列方式所反映出来的岩石综合特征。常见的有层理构造和层面构造等。

1. 层理构造——是沉积岩最重要的构造特征。

由于沉积条件的影响，层理具有多种形态。常见的有平行层理、斜层理、交错层理、尖灭层和透镜体等。

2. 层面构造——是指层理中层与层之间面上的特征，是自然作用在沉积岩形成过程中遗留的痕迹。根据它们的特征，可以分析古地理与古气候条件。

（1）波痕——是由风、水流、波痕在尚未固结的沉积表面留下的痕迹。经固结成岩作用后保存的一种波状起伏构造。

（2）泥裂——黏土类土在干燥气候条件下收缩干裂，经成岩作用后遗留的痕迹。

（3）雨痕——降雨或冰雹在沉积表面留下的痕迹。

（4）结核——沉积岩中与周围岩成分有显著差别的矿物团块称为结核。呈球形、卵形、扁豆形或石形等。它可以是由沉积过程中某些矿物质围绕它种物质质点层层凝聚而成（原生结核），也可以在岩石生成后由于含矿物质溶液从层间渗入沉淀或交代而成（次生结核）。

三、主要坚硬沉积岩的描述

（一）碎屑岩和黏土岩类

1. 砾岩：由浑圆的砾石胶结而成。常见的胶结物有泥质（黏土质）、钙质、石膏质、铁质、硅质等。相应的有泥质砾岩、铁质砾岩、硅质砾岩等。这一类岩石中大于 2 mm 的砾石的重量必须多于 50%。其力学强度视胶结物和胶结类型而定。

2. 角砾岩：它和砾石基本相同，只是含的砾石具有棱角，且多由同一种碎屑组成。

3. 砂岩：是砂粒被胶结而成的岩石。按胶结物的成分，可以分为硅质、铁质、钙质及泥质砂岩等。

按颗粒粒径大小及相对的含量可分为粗粒的、中粒的、细粒的及粉粒的砂岩。

按矿物成分分为石英砂岩、长石砂岩及杂质砂岩等。

定名时，先谈颜色，再谈矿物成分，最后说出颗粒成分，如灰绿色石英砂岩等。

4. 页岩：是黏土脱水胶结而成的。呈致密状或土状。常见明显的薄层理（叫页理）。

按成分可分为碳质页岩、钙质页岩、砂质页岩、黏土质页岩及硅质页岩等。

页岩常呈黑色（碳质的）、灰白色（泥质的）、红色的（铁质的、泥质的）及黄色的。遇水软化、强度低。易风化，但透水性差。

鉴定碎屑岩类时，着重观察它的组成、颗粒大小及相对含量、胶结物质、胶结类型、颜色和特征性的结构、构造等。

（二）主要的化学岩和生物岩的描述

1. *石灰岩*

石灰岩是化学沉积，也可以是生物沉积。主要矿物成分是方解石；颜色是灰黑色、灰色、灰白色（结晶岩）；坚硬程度中等。遇盐酸反应强烈。其他特征常含燧石、蛋白石，条带及鳞状、竹叶状等结构。在适当环境下溶于水，致密块状。

2. *白云岩*

主要矿物成分:白云石含量超过50%,硬度比石英岩略高。遇盐酸无反应,但粉末有微弱反应。常具斑块状、鳞状结构及夹石膏层、蛋白石等(含少量方解石)。

3. *泥灰岩*

泥灰岩是黏土与灰岩之间的一种过渡型。

主要矿物成分以方解石、白云石为主。含黏土矿物。颜色为浅灰、红、黄、棕、紫等色。硬度比石灰岩低。遇盐酸有反应但不强烈,留下泥质斑痕。常呈薄层状夹层,产于石灰岩、白云岩及含煤地层中。易风化,致密块状。

附表1 沉积岩综合分类表

岩类	结构	主要成分	代表岩石名称	
			松散的	胶结的
碎屑岩类	砾状结构($d>2$ mm)	原岩碎屑或岩块	角砾、碎石、岩块,卵石、砾石	角砾岩、砾岩
	砂质结构(2~0.05 mm)	石英、长石、云母、角内石、辉石等	砂土	砂岩
	粉质结构(0.05~0.005 mm)	石英、长石、黏土矿物、碳酸岩矿物	粉砂土	粉砂岩
黏土类	泥质结构($d<0.005$ mm)	黏土矿物为主,少量石英、云母	黏土	页岩
化学岩类	致密状、粒状、鳞状	方解石为主、白云石		泥灰岩、石灰岩
		白云石、方解石		白云岩
	结核状、鳞状、块状、纤维状、致密状	石英、蛋白质	硅藻土	燧石岩、硅藻岩
		钾、钠、钙的硫酸盐及氧化物		石膏、钠盐、钾盐
		碳氢化合物、有机质	泥炭	煤油页岩

附表2 碎屑岩中常见胶结物的一般特征

胶结物	化学成分	主要矿物成分	常见颜色	硬度	其他特征
硅质	SiO_2	石英、蛋白石、玉髓、海绿石	乳白、灰白、黑绿色	较大(7左右)	岩石坚硬,强度高
钙质	$CaCO_3$ $CaCO_3MgCO_3$	方解石、白云石	白、灰白、淡黄、微红	中等(3以上)	与盐酸反应,中等强度
泥质	Al_2O_3	高岭石、蒙脱石、水云母	泥黄色、黄褐色	较小(<3)	质地松软,强度低,遇水易软化或泥化
铁质	Fe_2O_3	赤铁矿、褐铁矿	红褐、黄褐、棕红等	中等(5左右)	比重大,质地较硬,强度较高
石膏质	$CaSO_4 \cdot 2H_2O$	石膏	白、灰白	较小(2左右)	强度低,浸水易溶解
碳质	C	有机质	黑色、灰色、黑褐色	较小(<3)	强度低,比重较小

沉积岩鉴定报告

班级________ 姓名________ 学号________ 日期________

标本号	主要特征描述				岩石名称
	结构	构造	物质组成	其他特征（颜色、盐酸反应等）	

总结：

指导老师：	评阅老师：	得分：

实训四　主要变质岩的认识

一、实训的目的与要求

1. 通过变质岩标本的观察，熟悉变质岩的构造、结构和矿物组成特征。

2. 实训前复习教材中的"变质岩"。重点复习变质岩的构造、结构、特征和分类。

3. 掌握下列主要变质岩的肉眼鉴定方法：

片麻岩　片岩　千枚岩　板岩　石英岩　大理岩

二、实训的步骤与方法

(一)变质岩构造的认识

构造特征是变质岩分类和肉眼鉴定的主要依据。

常见的构造形态：

(1)板状构造——岩石外形呈平行板状，沿板理方向易于劈开，板理面上有微弱的丝绢光泽(含少量绢云母)。

(2)千枚状构造——在垂直片理面方向岩石呈极薄的纸片叠置状，且多起伏弯折。富含绢云母。片理面上有强烈的丝绢光泽。

(3)片状构造——岩石在平行片理面方向常呈鳞片状，而在垂直片理面的方向上常呈弯曲状，有时可见揉褶现象。

(4)片麻状构造——岩石中的浅色矿物和深色矿物呈针状、片麻状、透镜状或眼球状。有时呈条带状成一定方向排列。

(5)块状构造——岩石坚硬、致密、矿物颗粒均匀，定向排列不显著。

(二)变质岩结构的认识

常见变质岩的主要结构(肉眼不易辨认，在显微镜下可见)有：

(1)变晶结构——角闪石、长石、黑云母等矿物晶体经变质被拉长呈定向排列。

(2)变余结构——碎屑颗粒(麻点状)与石英(无麻点)仍保留沉积岩特征，呈定向排列。

(3)碎裂结构——长石被挤压破碎，呈糜棱状，少量绢云母等矿物(麻点状)夹杂其中，呈定向排列。

(三)变质岩矿物成分的认识

变质岩的矿物成分较之岩浆岩和沉积岩更为复杂多样。变质矿物的识别，对变质岩的鉴定与命名有着重要的作用。

按成分可分为：

(1)变质作用过程中保留下来的原岩中的稳定矿物，如石英、云母和长石。

(2)在变质作用过程中新生的矿物，如滑石、蛇纹石、石榴子石、黄玉、刚玉、绿泥石和绢云母等。

(四)变质岩的肉眼鉴定与命名

最常用的变质岩命名法是："附加名称 + 基本名称"。

(1)基本名称:可以按构造特征表示,如板状构造定为板岩,片状构造定为片岩。

(2)附加名称:可用特征变质矿物、主要矿物成分或典型构造特征表示。

如一块具有明显片麻状构造的岩石,可以初定为片麻岩。若矿物成分中有特征变质矿物石榴子石,则可在"片麻岩"前加石榴子石,即定名为"石榴子石片麻岩"。

三、几种主要的变质岩特征

1. 板岩:为页岩受轻微压力变质而成。

具有良好的板状构造,岩石外形呈平行板状。沿板理方向易于劈开,呈现一组平行的片理。板理面上有微弱的丝绢光泽(含少量绢云母)。主要由硅质、泥质矿物组成,多呈黑色、灰色及土黄色等。

2. 千枚岩:由板岩进一步变质而成。

在垂直片理面方向岩石呈极薄的纸片叠置状,且多起伏弯折,片理发育。有强烈丝绢光泽。矿物成分为绢云母、石英及一些黏土矿物。岩石表面多为金黄色、土黄色、橙黄色及黄绿色等。

3. 片岩:在动力变质作用下使片状矿物定向排列。

具典型的片理构造,在平行片理面方向常呈鳞片状,而在垂直片理面的方向上常呈弯曲状。有时可见揉褶现象。可按矿物成分不同分为云母片岩、滑石片岩、角闪石片岩、绿泥石片岩等。

4. 片麻岩:岩石中的浅色矿物和深色矿物呈针状、片麻状、透镜状、眼球状,有时呈条带状沿一定方向排列。

5. 石英岩:是砂岩(主要是石英砂岩)在热力变质作用下,使矿物重新结晶而成,质地坚硬、性脆。为全晶质结构,致密块状质片石英岩多为乳白色,含泥质时呈淡土黄色,含铁质时呈褐色或黑色、灰色等。

6. 大理岩:主要由石灰岩或白云岩重结晶而成,其组成矿物主要为方解石与白云石。有粗粒、中粒、细粒之分。纯者白色坚硬。质纯的大理石洁白如玉,故称"汉白玉"。含杂质(如蛇纹石、透闪石)可形成绚丽多彩的花纹,大理岩质地均匀,色泽美观,是优良的建筑和装饰石料。遇盐酸起泡,在适当条件下溶于水。

变质岩鉴定报告

班级________姓名________________学号________________日期________________

标本号	主要特征描述				岩石名称
	结构	构造	矿物成分	其他特征（颜色、盐酸反应等）	

总结：

指导老师：	评阅老师：	得分：

实训五　岩石的综合鉴定及工程地质评述

一、实训的目的与要求

1. 对三大类岩石的基本分类特点与岩石的肉眼鉴定方法进行综合比较、分析和总结。

2. 对未记名的岩石标本进行综合鉴定。

3. 对三大类岩石进行工程地质综合分析与评价。

二、岩石综合鉴定的要点

对岩石进行分类和鉴定,最关键的是要抓住它的结构、构造、矿物组成等特征。

1. 首先观察岩石的构造。

因为构造从外貌上反映了它的成因类型。如具有气孔状、杏仁状、流纹状构造形态时,一定属于火成岩的喷出岩类;具有层理构造以及层面构造时为沉积岩类;具有板状、千枚状、片状或片麻状等构造时为变质岩类。

但是三大岩类的构造中都有块状构造。如岩浆岩中的石英斑岩,沉积岩中的石英砂岩,变质岩中的石英岩,以及块状构造外形相似的岩石还有花岗岩、花岗岩片麻岩、石灰岩、大理岩、角砾岩和火山角砾岩等。

2. 对岩石结构的深入观察,可以对岩石进行进一步的分类。如岩浆岩中的深成侵入岩类多呈全晶质、显晶质等粒状结构,而浅成侵入岩类则常呈斑状结晶结构。沉积岩中的碎屑岩、黏土岩、生物化学岩(如砾岩、砂岩、页岩、石灰岩等)的区分,主要是根据组成物质颗粒的大小、成分及其联结方式。

3. 岩石的矿物组成和化学成分的分析,对岩石的命名和分类也是主要的。

4. 在岩石命名方面,如果由多种矿物成分组成,则以含量最多的矿物与岩石的基本名称紧紧相连,其他较次要的矿物按含量多少依次向左排列。

5. 最后应注意的是在肉眼鉴定岩石标本时,常常有许多矿物成分难以辨认。如隐晶质结构或玻璃质结构的岩浆岩、泥质或化学结构的沉积岩以及部分变质岩,结晶细微或由非结晶的物质成分组成。一般只能根据颜色深浅、硬度高低、比重大小和"与盐酸反应"等进行初步判断。

如岩浆岩中以深色成分为主的常为基性岩类,浅色成分为主的常为酸性岩类,沉积岩中坚硬的多为硅质胶结或硅质成分的岩石。比重大的为含铁质成分的岩石,有"盐酸反应"的一定是碳酸岩类岩石等。

三、岩石的工程地质评述

地壳表层的岩石是各种工程建筑物的地基,也是常用的建筑石料。岩石的工程地质性质直接影响建筑物地基的稳定性和石料质量的好坏。

从工程建筑角度对其工程性质综述如下。

(一)岩浆岩的工程地质评述

岩浆岩按其构造、结构及产状特征,可分为深成岩、浅成岩和喷出岩。按其二氧化硅

(SiO_2)含量的多少又可分为酸性、中性、基性和超基性岩。

深成岩具结晶联结,晶粒粗大均匀,力学强度高,孔隙率小,裂隙较不发育,一般透水性弱,抗水性强。特别是深成岩的岩体大,整体稳定性较好,是良好的工程建筑地基和天然建筑材料。

值得注意的是,这种岩石往往是由多种结晶矿物组成,其抗风化能力较差,特别是含铁镁质较多的基性岩容易风化破碎。浅成岩中细晶质和隐晶质结构的岩石透水性小,力学强度高,抗风化性能较深成岩强,也是较好的工程建筑地基。

喷出岩多为隐晶质或玻璃质结构,其力学强度也较高。一般可以作为工程建筑物的地基。应注意的是其中常常具有气孔构造、流纹构造及发育的原生裂隙,透水性较大。

火山凝灰岩易风化变质,抗滑稳定性甚差。喷出岩多呈岩流产状,岩体厚度小,岩相变化大,对地基的均一性和整体性影响较大。

(二)沉积岩的工程地质评述

沉积岩按其结构特征可分为碎屑岩、黏土岩和生物化学岩。其中碎屑岩的工程性质较好,但胶结物的成分和胶结类型影响显著。如硅质基底式胶结的岩石比泥质接触式胶结的岩石强度高,孔隙率小,透水性低些。

此外,碎屑的成分、粒度和级配,对工程性质也有一定的影响。如石英质的砂岩和砾岩比长石质、云母质的砂岩和砾岩好。

黏土岩是一种泥质沉积岩,抗压强度和抗剪强度低并变形量大,浸水后易软化和泥化。若含蒙脱石成分则具膨胀性。黏土岩对工程建筑物地基的稳定性极为不利,但透水性小,可以作为隔水层或防渗层。

生物化学岩抗水性弱,多具可溶性。硅质岩的力学强度高,但性脆易裂,整体性差。酸性岩类岩石如石灰岩、白云岩等具中等强度,一般能满足工程设计要求。但其中的岩溶往往成为渗漏通道。

易溶的石膏岩盐等化学岩,往往以夹层或透镜体存在于其他沉积岩中,质软、浸水易溶解,常能导致地基破坏和边坡失稳。

(三)变质岩的工程地质评述

变质岩是由岩浆岩或沉积岩变质而成的。因此,其工程性质与原岩密切相关。也就是说,原岩为岩浆岩的变质岩的性质与岩浆岩相似。

通常由于岩石中矿物成分在高温高压下重结晶作用的结果,其力学强度较变质前相对增高。

但是,如果在变质过程中形成某些变质矿物,如滑石、绿泥石、绢云母等,则其力学强度(特别是抗剪强度)会相对降低,抗风化能力变差。变质岩的片理构造(包括板理、千枚理、片麻理)也使岩石具有各向异性特征。工程建设中应注意研究其在垂直及平行片理构造方向上工程性质的变化。

岩石鉴定综合报告

班级________姓名________________学号__________________日期____________________

标本号	主要特征描述				鉴定结果	
	结构	构造	矿物成分	其他	类别	名称

总结：

指导老师：	评阅老师：	得分：

实训六　普通地质图的阅读与分析

地质图是用规定的符号，把一定空间范围内的地质现象按一定比例缩绘到平面图纸上。地质图按其反映内容不同可分为以下几类：

反映一般地质现象（地层、岩性、地质构造等）的为普通地质图。

反映专门某种地质现象的为专门地质图，如工程地质图、水文地质图、第四纪地质图等。

为了帮助说明平面图幅内反映的地质现象，地质图常附有剖面图和柱状图。

剖面图和柱状图是反映与平面地质图垂直的剖面内地质现象的图。

各类地质图：有图名、比例尺、图例、编图单位、编图人和编制日期等。

一、目的与要求

通过对几幅比较简单的普通地质图的认识与分析，了解地质图一般包含的内容及格式，学会阅读地质图的一般步骤，学会从地质图上选取有代表性的剖面线及绘制地质剖面图的方法。

将黑山寨地区地质图按标准色谱着色，一个“系”用一种基色，当“系”内有“统”时，再分深浅色调。

二、实训内容说明——分析黑山寨地区地质图（见图1）

分析地质图，一般就以下几个方面逐步深入。

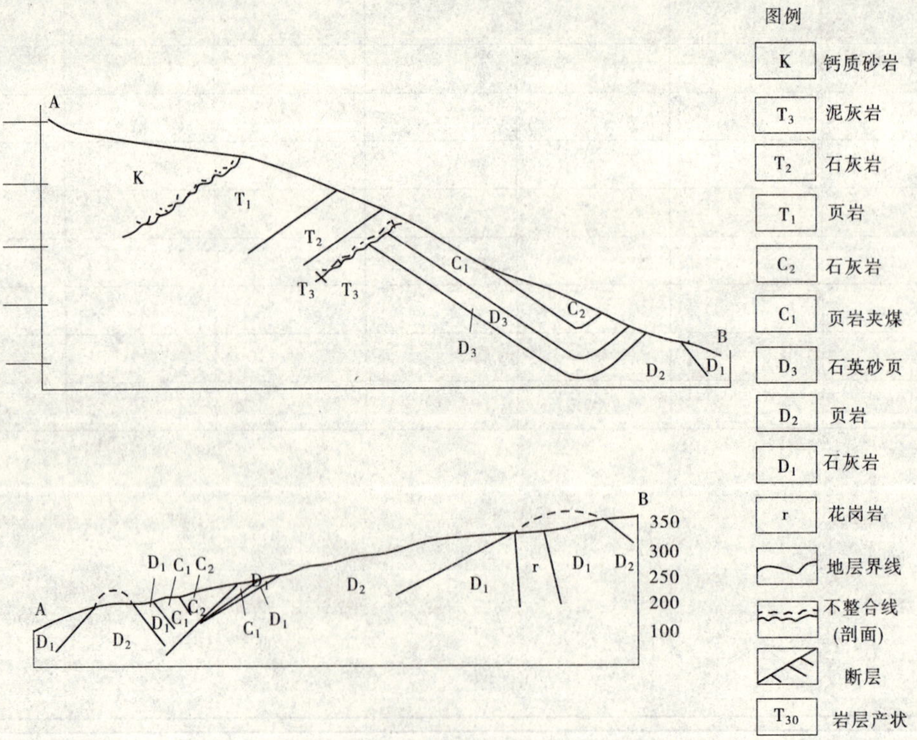

图1　黑山寨地区地质图（1∶10000）

（一）图名及比例尺

图名及比例尺反映了地质图所表示的内容，图幅的地点、范围及精度。如该图是1:10 000，即图上1 cm相当于实地距离100 m，图幅总面积约1.2 km^2。

（二）阅读图例，了解图区出露岩层的特征

本区沉积岩从老到新有：下泥盆统（D_1 石灰岩）、中泥盆统（D_2 页岩）、上泥盆统（D_3 砂岩）、下三叠统（T_1 页岩）、中三叠统（T_2 石灰岩）、上三叠统（T_3 泥灰岩）、白垩系（K 砂岩）。除沉积岩外，还有花岗岩（r）分布。

上述岩层分布说明图区在地史发展过程中，在中石炭世后、早三叠世以前，以及晚三叠世以后、白垩纪以前，曾两次上升隆起，经受风化剥蚀，故缺失了相应的沉积岩层，使中石炭统（C_2石灰岩）与下三叠统（T_1 页岩）、上三叠统（T_3 泥灰岩）与白垩系（K 砂岩）间呈不整合接触（这一结论在平面地质图上可以得到进一步论证）。此外，还有岩浆岩的侵入活动存在。

在附有地层柱状图的地质图中，可与图例配合阅读。柱状图能完整、清楚地表示出地层形成的正常次序、原始厚度、岩性特征及接触关系。

（三）地形分析

从地形等高线的表示可知，图区地势西北高，高程在550 m以上，向东南方向逐渐降至高程100 m以下。

相对高差为450 m左右。东部有一个高程为300余m的小山冈。有三条较大沟谷，成近南北向分布于西部、中部和东部。

（四）主要构造形态分析

（1）地层分布规律及接触关系：地质年代较新的中生代地层均分布在图区的西北部。而年代较老的地层分布在图区的东、南、西南部。值得注意的是，下三叠统（T_1 页岩）的底部界线除与 F_1、F_2 二断层以及花岗岩体相截外，还与古生代地层（D_1、D_2、D_3、C_1）界线相截。这证明了 T_1 与 C_2 之间是角度不整合接触。另外在中生代地层中白垩系（K 砂岩）与上三叠统（T_3 泥灰岩）之间缺失侏罗系（J），但是产状彼此平行，保证 K 与 T_3 呈平行不整合接触。出露于图区东北部的岩浆岩体（r），侵入 D_1、D_2、D_3、C_1 中与后者为侵入接触，T_1 与其成沉积接触，说明该岩浆岩体（r－花岗岩）形成早于石炭世后、早三叠世以前。它的规模不大，基本上呈直线状分布，其产状应为岩墙。

（2）褶皱：图区地层呈条带状分布，且地质界线与地形等高线相交，可知有褶皱存在。

中生代地层产状是 NE63°NW∠34°（表示走向为东北63°、倾向北西、倾角34°，下同）。呈单斜构造（参见A—B剖面的左半部）。

古生代地层中，较大面积出露的 C_2 层，从东到西，贯穿整个图区下部而两侧又对称出露 C_1、D_3、D_2 层，构成了图区范围内最大规模的向斜构造。尽管图上表示的岩层产状符号不多，但仍可看出 C_2 层北翼和南翼均倾向黑山寨村，即该村大致位于向斜的核部。北翼倾角较缓（32°～34°），南翼倾角较陡（56°～58°），进一步说明了是一个轴面略向南倾斜的向斜构造。向斜轴向在平面上略有变化，在黑山寨村附近，呈近东西向延伸，过 F_2 断层后折转成北东60°左右。按同样方法分析，尚可发现在此向斜的南面和北面，各有一个背斜构造。前者核部地层为 D_2 两侧对称分布着 D_3（在 F_2 右边，由于 F_2 断层的断层效应，使核部地层是 D_1 两侧对称出露 D_2和 D_3）。后者核部地层为 D_1，两侧对称出露 D_2（参见图 A′—B′剖面）。

它们的轴向与向斜轴向基本一致。

(3)断层:从岩层界线在走向方向上的不连续,可以看出各图区内有 F_1 和 F_2 两个规模较大的断层,其走向是 NW340°,倾角甚陡(通过作图分析可知,F_1 的产状是 NW340°,NE∠65°,F_2 的产状是 NW340°,SW∠65°)。二者都横切向斜轴和背斜轴。从断层两侧向斜核部 C_2 地层出露宽度等分析,说明 F_1 至 F_2 间的岩体相对两侧下移(即为下降盘)。所以 F_1、F_2 断层在图区内组成了地堑式的断裂。另外,南有 F_3、F_4 两个断层。前者走向为 NW300°,后者走向为 NE15°,规模较小,且为平移断层。由于褶皱和断层仅发育在古生代地层 D_1 ~ D_2 中,并未影响 T_1,所以它们形成于中石炭世后、早三叠世之前。结合空间分布的分析,可知是处于同一构造应力场,是一次构造运动形成的。挤压应力来自南(略偏东)北(略偏西)方向,故褶皱轴呈近东(偏北)西(偏南)方向。F_1、F_2 系受张应力作用产生,所以其延伸方向与压应力方向基本平行。而 F_3、F_4 则为剪应力所形成。构造线间的组合关系如图 2 所示。

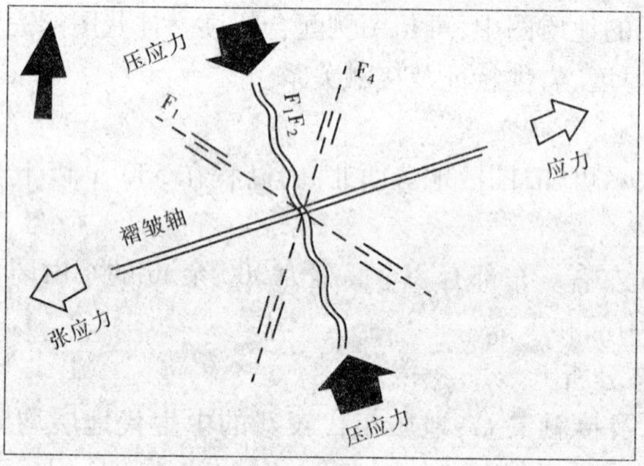

图 2　古生代地层中主要构造图解及应力场分析

(五)地质发展简史分析

在地质历史的整个泥盆纪直至中石炭世期间,地壳虽然存在缓慢的升降运动。但幅度甚小。本地区一直处于沉积平面以下,接受沉积。中石炭世后,受"海西运动"影响,地壳发生剧烈变动,岩层褶皱,产生断裂,伴随着岩浆侵入活动,使图区上升,遭受风化剥蚀。到早三叠世,重又沉入海平面以下,接受海相沉积。到晚三叠世后期,地壳大面积平缓持续上升,再次成陆。侏罗纪期间地壳运动处于暂时宁静状态,遭受风化剥蚀。直至白垩纪,才缓慢下降,处于浅海环境,形成钙质砂岩。在白垩纪后期,再次受"燕山运动"的影响,图区东南部大幅度上升,西北部上升幅度较小,中生代地层受到构造抬升作用,产生倾斜,中生代后期至今,无剧烈的构造变动。

指导老师：	评阅老师：	得分：

三、分析“清水河流域地质构造略图”(见图3)

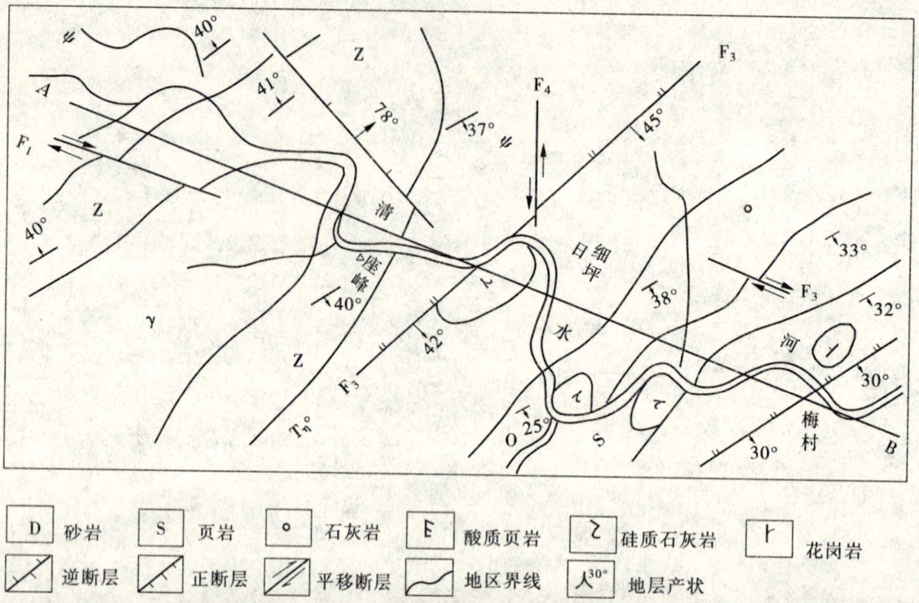

图3　清水河流域地质构造略图

1. 本区出露的地层岩性、时代及其产状。
2. 本区内存在何种形式的褶曲构造？其轴向如何？形成于哪一地质年代？
3. 根据断层线的空间展布及两侧地层界线特征，分析断层性质、形成时代。

实训七　工程地质图的认识、分析和利用

公路工作者学习工程地质知识的目的，在于把由工程地质工作者在野外进行的大量勘测工作和室内的试验工作所取得的成果，如何恰当地运用到公路建设的规划、设计和施工中去，依据工程地质条件，在保证建筑物安全和经济合理的前提下，去确定公路工程的布局、建筑物的结构类型、规模和施工方案，掌握一定的工程地质知识，还可以向地质工作者提出工程规划设计和施工所需要的地质资料。也就是说，在公路建设中，工程地质条件是一项必须考虑的重要因素。

所谓工程地质条件，主要包括建筑区域的地形地貌、岩石性质、地质构造、岩体结构、区域稳定性（新构造运动及地震基本裂度）、水文地质条件、物理地质现象及天然建筑材料等。不同规模、不同结构、不同类型的建筑物对工程地质条件的要求各不相同。要确保建筑物在施工和使用中的安全稳定，如果不能满足，则必须从规划、布局、设计方案给予适当的改变，或者改良不利的工程地质条件。

工程地质工作的成果，集中反映在工程地质报告和工程地质图表中，两者所反映的内容是一致的。前者是后者的详细说明和整个勘测工作的总结，后者是前者在图纸上的展现。

工程地质勘察报告的内容，一般包括：

1. 概述拟建区的地理位置、交通条件、经济地理状况、工作组织进程、工作量、设计意图、经济效益等。

2. 明确阐述全建筑区的各个建筑工程地段的工程地质条件。

3. 分析工程地质条件，提出存在的工程地质问题，做出判断性的定量评价和结论。

4. 提出处理建议。

公路建筑工程地质图，往往包括线路工程地质图附属图表，综合地层柱状图、钻孔柱状图、有代表性的地质剖面图，断层节理统计表，隧洞桥梁轴线的工程地质剖面图，以及有代表性的照片等。但要说明，对大型或重要的公路工程建筑，要按工程进行的阶段也与之相应地分阶段进行工程地质勘察工作。而不同阶段的工程地质勘察工作的内容要求和精度都不相同。本次实训的目的，在于认识工程地质图，学会阅读和分析工程地质图，并且利用具体的工程地质图件、表格所给出的工程地质资料和参数，去尝试性地选择公路建筑物最佳位置（如选择桥梁隧洞的轴线位置）。评价各种公路建筑物的稳定性和渗漏问题。

指导老师：	评阅老师：	得分：

第二部分　野外教学实训

第一章　野外工程地质实训的目的、内容及要求

一、实训的目的和要求

通过工程地质野外实训，帮助学生进一步认识、巩固和验证在课堂教学中所学到的常见造岩矿物与三大岩类（岩浆岩、沉积岩、变质岩）、地质构造、地貌与地下水以及本地区常见的不良地质现象特征和危害性，培养学生独立收集野外工程地质资料的能力，增加感性认识，初步建立正确的工程地质思维。

本次野外实训，要求学生学会使用简单地质工具（放大镜、罗盘仪等）。在野外独立鉴别三大岩类，并给予确切科学的描述。利用罗盘仪测量岩层产状要素，识别地质构造和地貌形态，绘制地质剖面图；要求学生掌握一定的工程地质学基础知识，认真学习《工程地质》教材；在野外实训期间，学生必须遵守纪律，服从领导，虚心好学，及时将观察到的现象记录在野外记录簿上；实训结束后，每个学生都要写出实训报告，按要求写并及时上交。

二、实训内容及时间安排

工程地质野外实训是道路与桥梁工程技术专业、高等级公路维护与管理和公路监理专业学生学完《工程地质》后的一次野外现场教学，也是他们第一次用地质科学眼光去接触自然、研究自然。所以，在实训内容的选择及安排上要结合专业的需要，尽量做到既简单又典型，趣味性强，以达到教学目的。因此，在实训内容及时间安排上做如下要求：

1. 三大岩类（岩浆岩、沉积岩、变质岩）野外鉴别的基本方法，认识几种常见的造岩矿物及岩石。

2. 常见地质构造（岩层、褶皱、层段）的野外识别，通过对地质构造的野外观察，了解其形成过程，简要分析其对公路工程的影响。

3. 进行地貌形态的区分，并简要分析地貌形态对公路选线的影响。

4. 认识不良地质现象并提出治理措施。

5. 学习地质罗盘仪的使用方法（测地形坡度、测产状），并学习简单地质剖面图的绘制。

《工程地质》野外实训时间一周，以野外观察为主，采用边看边讲边记录的方法进行。

三、实训成绩的考核

实训成绩分为优秀、良好、及格、不及格四级，评分标准如表 1-1 所示。

表 1-1　评分标准

评分等级	评分标准
优秀	能够严格按照实训要求去做,实训报告字迹清晰,条理清楚,能准确描述岩石的颜色、结构、构造、主要矿物成分、次要矿物成分并给予命名,对其工程强度作出评估;能准确判别构造类型并明确其工程意义;能准确使用地质罗盘仪测岩层产状并据此评价区域地质情况;正确区分不同类型的地貌形态并明确其工程应用
良好	能够遵守实训纪律,实训报告字迹清晰,内容无明显错误,对岩石的特征描述欠全面,能正确给予命名;能根据地质构造特点判断出构造类型;会使用地质罗盘仪测定岩层产状;能够区分不同类型的地貌形态并较准确地判别其在工程上的作用
及格	遵守实训纪律,实训报告字迹清晰,60% 的内容无明显错误,只能凭印象写出岩石名称;能凭印象较准确地判别各种构造类型;能较准确地使用地质罗盘仪测定岩层产状
不及格	不能严格遵守实训纪律,实训报告条理混乱且不能独立完成,50% 的内容出现明显错误,对岩石特征描述不全,无法写出岩石名称;不能判别出各种构造类型及地貌类型,不会使用地质罗盘仪测定岩层产状

四、出队前的准备工作

1. 实训按教学计划规定的出队及归队的时间进行。

2. 复习《工程地质》课堂教学内容。

3. 携带实训用品:《工程地质》课本、《工程地质实训指导书》、地质三件宝(罗盘仪、放大镜、地质锤)、盐酸试剂(20%)、小刀等。

五、关于野外实训期间的几点补充规定

1. 自觉遵守纪律,服从老师指导,尊重当地群众的生活习惯,不攀折群众树木,不损坏庄稼,注意搞好群众关系。

2. 上、下汽车不要拥挤,在车上要注意安全,能照顾体弱同学。

3. 上山不准穿凉鞋、高跟鞋、短裤,女同学不准穿裙子。野外工作禁止嬉戏、打逗,避免石块滚落伤人。

4. 保管好实训用品。

5. 搞好个人卫生,不吃腐烂的瓜果和不卫生的食物。

第二章　野外工作的基本方法和技能

一、地质罗盘仪的使用方法

地质罗盘仪(简称罗盘)是进行野外地质工作必不可少的工具,被称为地质工作“三件宝”之一。借助它可以测量地形坡度、地层产状,并据以评价区域地质情况。因此,学生必须学会且熟练掌握罗盘仪的使用方法。

(一)地质罗盘仪的结构及各部件的功能

罗盘仪式样很多,但结构基本是一致的。我们常用的是圆盘式罗盘,由磁针、刻度盘、瞄准器、水准器等部分组成,如图 2-1 所示。

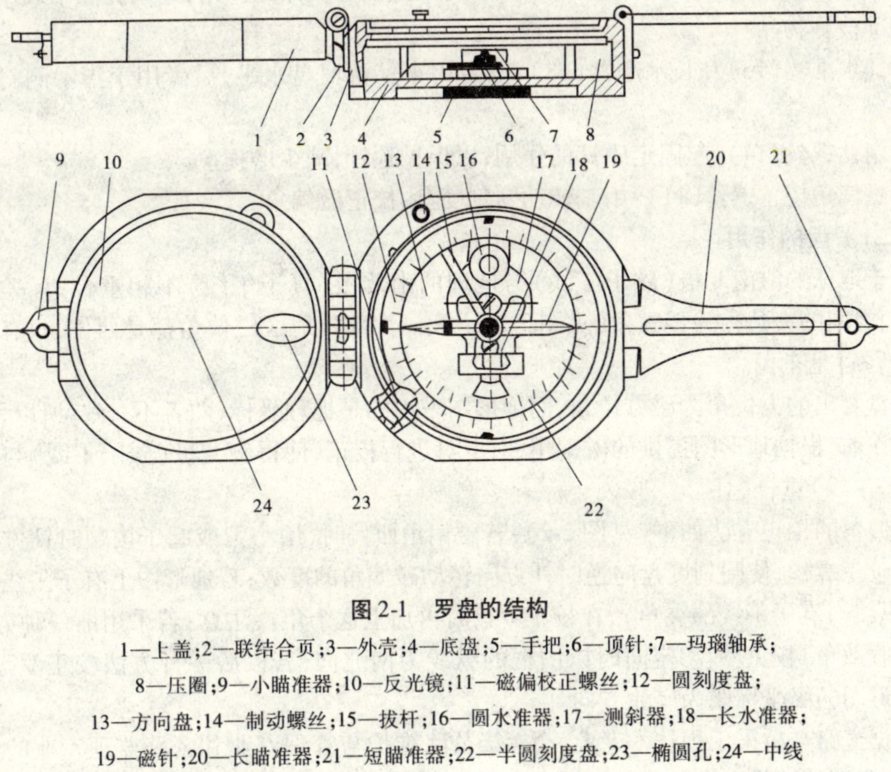

图 2-1　罗盘的结构

1—上盖;2—联结合页;3—外壳;4—底盘;5—手把;6—顶针;7—玛瑙轴承;
8—压圈;9—小瞄准器;10—反光镜;11—磁偏校正螺丝;12—圆刻度盘;
13—方向盘;14—制动螺丝;15—拔杆;16—圆水准器;17—测斜器;18—长水准器;
19—磁针;20—长瞄准器;21—短瞄准器;22—半圆刻度盘;23—椭圆孔;24—中线

各部件的主要功能如下:

1. 磁针(19):为一两端尖的磁性钢针,安装在底盘中心的顶针上,可自由转动,用来指示南北方向。若不用时应旋紧制动螺丝(14),不让磁针转动,以免磨损顶针,降低灵敏度。由于我国位于北半球,磁针两端所受地磁场吸引力不等,磁针的北端大于南端,而且磁引力是倾斜的(不是地球表面的切线方向),故使磁针发生倾斜。在测量时,为使磁针处于平衡状态下自由转动,常在磁针的南端绕上若干铜丝,用来调节磁针的重心位置,以求磁针的平衡,同时,也可借此标记来区分磁针的南北端。

2. 圆刻度盘(12):又称水平度盘,用来读方位角。一般的刻记方式是从0°开始按逆时针方向每隔10°一记,连续刻到360°,南(S)和北(N)分别为180°和0°,东(E)和西(W)分别为90°和270°,这种刻记方法也称方位角法。注意:刻度盘是按逆时针方向刻记,而实际方位的读数是按顺时针方向排列的,所以,刻度盘上东西与实际方位相反,这是为了在测量方位时能直接读出读数。因为测量时,磁针保持不动(始终指向南北),转动的是罗盘外壳(即刻度盘),当刻度盘向东转时,磁针相对向西偏转,故刻度盘上按逆时针方向刻记所读的数与实际的度数相同。

3. 半圆刻度盘(22):也称竖直刻度盘,刻在罗盘的方向盘(13)上,用来读倾斜角和坡度角。一般以水平为0°,垂直地面为90°,它们之间每隔10°标记相应数字。

4. 长瞄准器(20)和小瞄准器(9):在测量方位角时,用来瞄准所测物体,使三点在一条直线上。

5. 反光镜(10)、椭圆孔(23)和中线(24):反光镜起映像的作用,椭圆孔和中线用来透过视线瞄准被测物品。

6. 圆水准器(16)和长水准器(18):前者用来保持罗盘水平,后者用于指示测斜器保持铅直位置。

7. 制动螺丝(14):起固定磁针的作用,以保护顶针,减少磨损。

8. 磁偏角校正螺丝(11):用来转动圆刻度盘,校正磁偏角。

(二)罗盘的作用

由于地球的磁南北极(磁子午线)与地理的南北极(真子午线)不相重合,有一定的偏差,它们之间的夹角称为偏磁角(见图2-2)。我国大部分地区磁偏角都是西偏,只有极少的地区(新疆)是东偏。

罗盘测出的方位角为磁方位角,而地形图采用的是地理坐标,两者不一致,所以,在一个地区工作前,根据地形图提供的磁偏角,对罗盘进行校正,使得磁北极(磁子午线)与地理北极(真子午线)重合。

磁偏角的校正方法如下(见图2-2):若磁偏角西偏时,用小刀或起子按顺时针方向转动磁偏角校正螺丝,使圆刻度盘向逆时针方向转动磁偏角的度数;若地形图上有子午线收敛角(坐标纵线与真子午线的夹角),在校正罗盘时再加上这个角。注意:若采用前一种方法(无子午线收敛角)校正罗盘,定向时以图框的纵线为南北向;若以后一种方法校正罗盘,定向时以地形图的纵坐标线为南北方向。

根据道路与桥梁工程技术专业、高等级公路维护与管理专业和公路监理专业的实际情况,罗盘在野外工作中常起到以下两个方面的作用。

1. 测量岩层产状要素

岩层产状要素包括岩层的走向、倾向和倾角。岩层走向是岩层层面与水平面交线的延伸方向;岩层倾向是岩层面上的倾斜线在水平面的投影所指方向;倾角是岩层层面与水平面所夹的锐角(见图2-3)。

测量岩层走向时,将罗盘的长边(与罗盘上标有N-S相平行的边)的一条棱与层面紧贴(见图2-3),然后缓慢转动罗盘(在转动过程中,罗盘紧靠层面的那条棱的任何一点都不能离开层面),使圆水平器的气泡居中,磁针停止摆动,这时,读出磁针所指的读数即为岩层的走向。读磁北针和磁南针都可以,因此,岩层走向是朝两个方向延伸的,且相差180°。

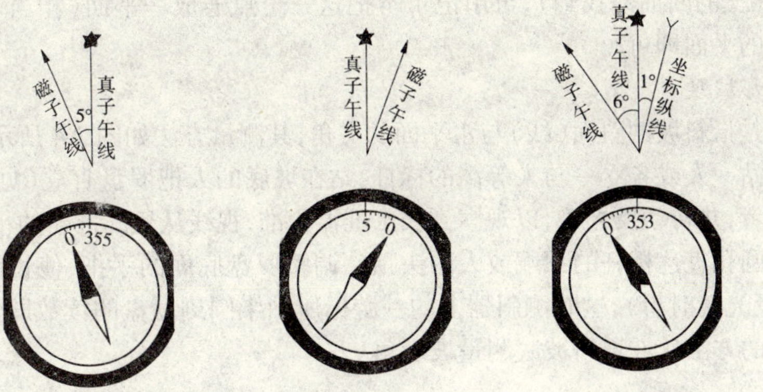

(a)磁偏角西偏5°　(b)磁偏角东偏5°　(c)北戴河的磁偏角

图 2-2　罗盘磁偏角的校正方法

测量岩层的倾向时，罗盘如图 2-3 所示放置，将罗盘南端（标有 S）的一条棱紧靠岩层面，这时，长瞄准器指向与岩层的倾向一致，并转动罗盘，转动方法及原则同上。当罗盘水平，磁针不动时，即可读数。如图 2-3 所示放置罗盘，读磁北针所指的读数。请同学们思考：若要测量岩层下层面的产状，罗盘应怎样放置？怎样读数？

当测量完倾向后，不要让罗盘离开岩层面，马上将罗盘转动 90°（罗盘直立），如图 2-3 所示放置，使罗盘的长边紧靠岩层面，并与倾斜线重合，然后转动罗盘底面的手把，使测斜器上的水准器（长水准器）气泡居中，这时测斜器上的游标所指半圆刻度盘的读数即为倾角。

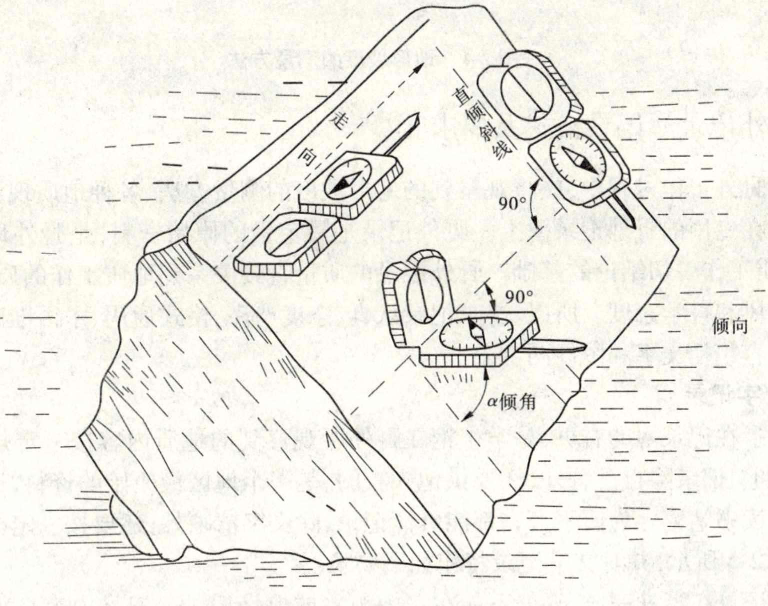

图 2-3　测量岩层产状要素

在测量岩层产状时，一般只需测量岩层的倾向和倾角，而走向可通过倾向的数字加或减 90°得到。注意：测量倾向和倾角时，必须先测倾向，后测倾角。

若被测量的岩层表面凹凸不平，可把记录本平放在岩层面上当作岩面，以便提高测量的准确性和代表性。如果岩层出露很不完整，这时要找岩层的断面，找到属于同一层的三个点

(一般在两个相交的断面易找到),再用记录本把这三个点连成一平面(相当于岩层面),这时测量记录本的平面即可。

2. 测量地形坡度

地形坡度是指斜坡的斜面(线)与水平面的夹角,其测量方法如图 2-4 所示。在坡顶、坡底或斜坡上各站一人或各立一与人等高的标杆,站在坡底的人把罗盘直立(见图 2-4),长瞄准镜指向测量者,并转动反光镜,以观察到长水准器为准,视线从短瞄准器的小孔或尖通过,经反光镜的椭圆孔直达标杆的顶端或人的头顶。调整罗盘底面的手把,使长瞄准器的气泡居中(在使用反光镜时看),这时测斜器上的一游标所示半圆刻度盘的读数即为坡度角。同样可以用相同的方法从坡顶向坡底测量坡度角。

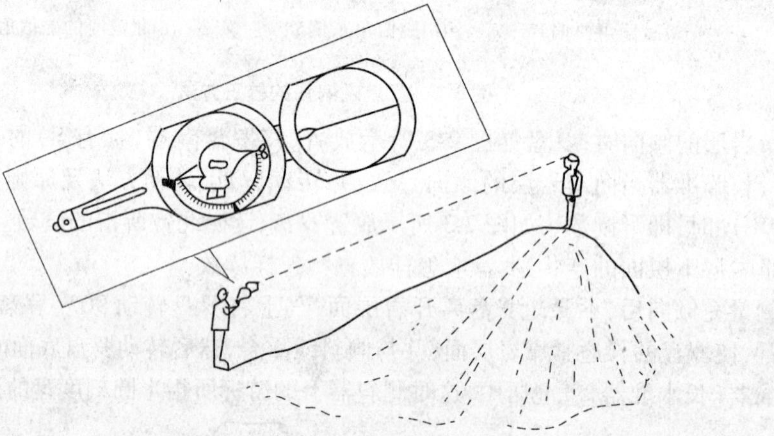

图 2-4　地形坡度的测量方法

二、野外记录簿记录格式及要求

学生在野外工作过程中,应将观察到的地形坡度的测量方法、各种地质现象准确、清楚、系统地记录在专用的野外记录簿上。野外记录是最宝贵的原始资料,是野外地质工作的成果,也是地质工作一切结论的基础。野外记录的质量直接关系到地质工作的质量,反映了学生的工作作风和科学态度。所以,要求记录认真、态度严谨、格式通用、术语准确、字迹清楚。野外记录内容包括文字和图件两部分。

(一)文字记录

文字记录在记录簿的右页,是学生把在野外所观察到的地质内容按一定规格用铅笔记录在记录簿上,记录除自己看外,还要供他人查阅,是一个地区最原始的资料,这完全不同于上课笔记或读书笔记。为便于大家都能看懂记录,除文字清晰外,还要按一定格式记录。记录规格如图 2-5 所示,并对文字记录特作如下要求:

1. 文字记录在野外完成,一般不能在室内想象或追忆记录。记录内容必须是自己观察到的地质现象,绝对不允许抄别人的内容。

2. 记录要清楚,格式正确。

3. 只能用铅笔,不能用其他笔记录。

4. 记错的地方可用铅笔画掉或改正,不要用橡皮擦掉重新写,绝对不能撕掉废页。上交记录簿时,页码齐全,不能缺失。

2005 年 7 月 5 日　星期二　天气晴

地点：鸽子窝

路线：基地—赤土山—鸽子窝—基地

任务：

1. 了解实训区交通及自然地理概况；
2. 学习地质罗盘仪的使用方法；
3. 观察基岩海岸的海蚀地形。

NO. 1

位置：鹰角石陡壁下

意义：基岩海岸海蚀地形观察点

观察内容

1. 该地点观察到的海蚀地形有海蚀崖…………
2. ………………………………

图 2-5　野外记录格式示意图

5. 记录簿是专供记录野外地质现象之用，除记录与地质有关的内容外，不得记录任何其他内容。

6. 记录簿用毕（工作结束），上交所在单位或主管部门保管，不能遗失。如果遗失必须马上报告老师或主管单位。

记录产状要素，要另起一行，并用一定的符号表示，如岩层产状表示为：200°∠25°。前一数字表示倾向值，后一数字表示倾角，波浪线表示岩层产状。若为断层与节理产状，表示为：150°∠30°。

（二）图件记录

图绘在记录簿的左页，是为了配合文字记录而进行的，在野外，记录者为了更清晰更形象把所观察到的地质现象表示出来，而用文字较难说清楚，这时可用图来表示内容。图常能起到简洁、直观、明了、形象地说明地质内容的作用，使阅读者能较快正确地理解记录者所表示的内容，建立空间概念，这些特点均优于文字记录。图的类型有多种，可根据需要绘制不同的图件。道路与桥梁工程技术专业、高等级公路维护与管理专业和公路监理专业的学生野外的地质实训常用的有：地质素描剖面图；地质信手剖面图。无论何种图件，均必须具备以下内容：图名、比例尺、方位、图例及所表示的地质内容五部分，它们的相对位置关系如图 2-6所示，图例放在比例尺与图名之间也可。作图要求图面内容正确、结构合理、线条均匀、清晰、整洁、美观等。

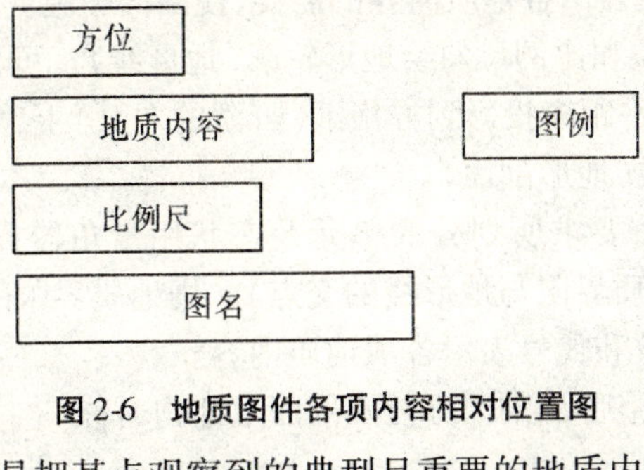

图 2-6　地质图件各项内容相对位置图

1. 地质素描剖面图：是把某点观察到的典型且重要的地质内容形象真实地描绘出来的图件。地质素描图类似于照相，但又不同于照相，照相是绝对直观的反映，不分主次，而地质素描图则可以突出重点，去掉一些次要的部分或干扰因素，观察者可以根据需要取舍，使图面简洁、明了、形象，如图 2-7 所示。

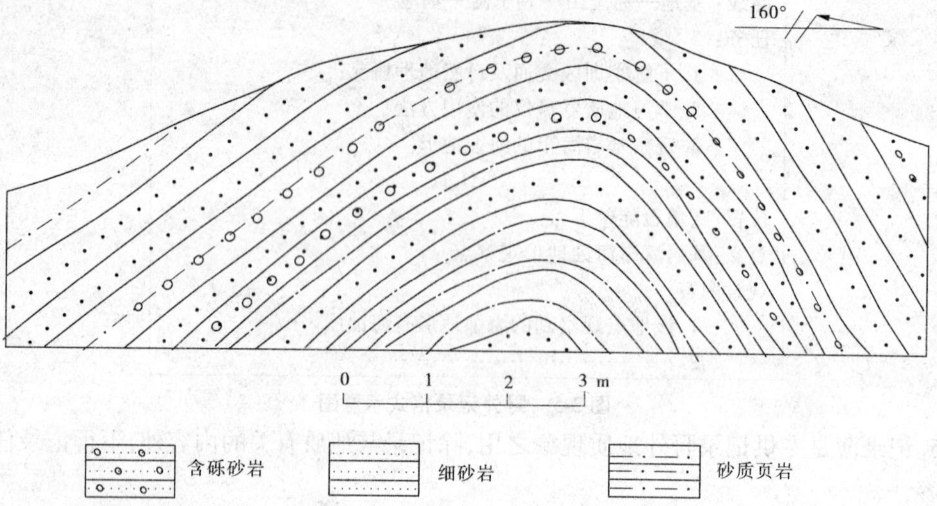

图 2-7 义院口背斜剖面素描图

作图的步骤是：

(1)选取地质内容；

(2)确定素描图的方位；

(3)根据要求确定比例尺；

(4)按实际的相对位置勾画地质内容；

(5)标出图名、图例等。

2. 地质信手剖面图：是把在某一条路线上观察到的地层、构造及地层接触关系等地质现象实事求是地反映在地形图上。如图 2-8 所示。

剖面图上地质内容的相对位置是目估或步测的，而不是实测的，故称地质信手剖面图。但图中所反映的地质现象必须是正确、真实的，不可虚构，可以简化复杂的地质现象，把主体内容表示出来，而将次要内容删去，使图面更清晰。作法是：

(1)确定剖面线(基线)的方位。一般均要求与地质走向线或地质构造线垂直。

(2)确定比例尺。根据实际剖面的长度选择适当的比例尺，以便绘出的剖面图不至于过长或过短，同时又能满足表示各地质内容的需要，使图面美观。

(3)按选取的剖面方位和比例尺勾绘地形轮廓(地形线)。可根据地形图上的等高线和剖面线的交点按高程及水平距离投影到方格纸(野簿的左页)上，然后把相邻点按实际地形情况连接起来，即成地形线(地形剖面)。

(4)将各项地质内容按要求所划分的单元及产状用量角器量出，投在地形剖面(地面线)相应的点的下方(即地质界限与地形线的交点)。画地质界限的产状必须用量角器量。

(5)用各种通用的花纹和代号表示各项地质内容。

(6)标出图名、图例、比例尺、剖面方位及剖面上地物名称。

(三)室内整理

白天在野外记录的内容(文字、图件等)回到室内要进行整理。原则上文字不能改动，

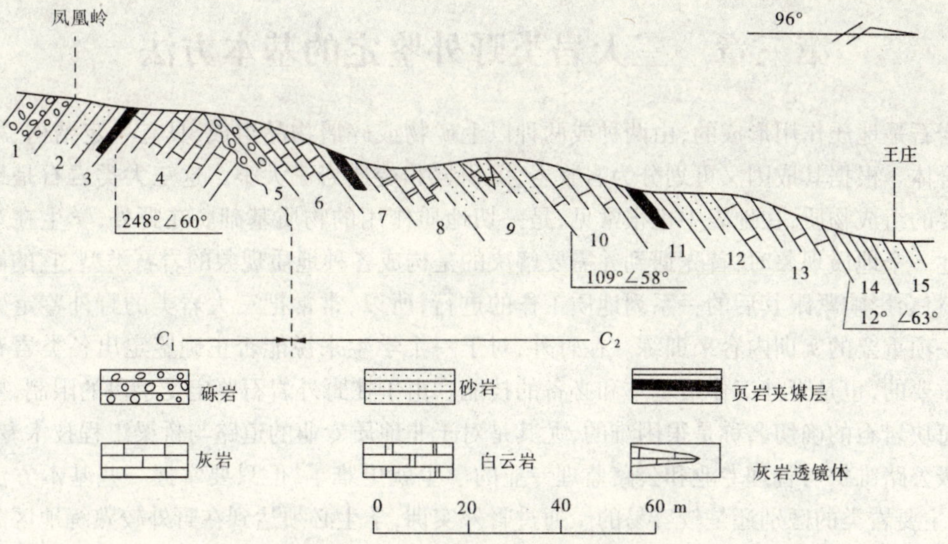

图 2-8　王庄—凤凰岭地层信手剖面图

只是由于下雨等种种原因,未来得及记录的内容,回到室内可以根据当天采回的标本或回忆加以补充,或者一些记错的内容加以改正,但必须标上“补充”和“批注”等字,以免与野外记录相混淆。记录簿上的图件要清绘,如上墨时上墨方法是用绘图铅笔沾绘墨水或碳素墨水按野外用铅笔画好的线条逐一上墨,补充未完成的内容(如图例、图名)。

三、岩石标本的野外采集和室内整理

在野外,除认真观察地质现象作记录外,还须采集标本,这也是野外地质工作的一项重要内容。在野外由于时间和条件所限,有些地质现象来不及仔细观察、记录或需要在室内进一步观察;或者某些重要、典型的地质现象须采标本保存,用实物供他人检查、参观;或者在地层剖面上为了达到某一目的和要求须逐层采集标本。标本种类很多,如岩石标本、构造标本、矿物标本、化石标本等,无论是采集何种标本,其共同要求是:①具有代表性;②标本新鲜、未风化;③标上编号。

道路与桥梁工程技术专业、高等级公路维护与管理专业和公路监理专业的学生野外主要是采集岩石标本。一般在不同的岩性层中都需要采集,以便在室内观察、分析、定名等。岩石标本的规格要求是:长(9 cm)、宽(6 cm)、厚(3 cm)。在地质剖面中,常按地层分层进行采集,并从下到上(从早到晚)逐层采集和编号。编号可按不同性质的标本、不同观察点或某个剖面进行,在标本上用记号笔写上编号或先在标本上贴上橡皮胶再用圆珠笔标上编号,同时在记录簿上记下标本采集的情况。编号不能重复。如石门寨信手剖面第四层的第一块岩石标本,编号可标为 R - SMZ4 - 1,R 为岩石标本的代号,SMZ 为石门寨拼音的第一个字母,4 为第四层,1 为第一块标本。标本采回后,在室内须整理,在标本右上角涂上油漆,写上编号,进行标本登记,登记内容包括:岩石名称、用途、采集位置、时代(地层时代)、采集时间、采集者。然后把标本包好,装箱。

第三章　三大岩类野外鉴定的基本方法

岩石是地质作用形成的,由两种或两种以上矿物或碎屑物品组成,具有一定结构、构造的集合体。根据其成因又可划分为岩浆岩、沉积岩和变质岩三大类。这三大类岩石是地壳最主要的组成物质,在地表中也很常见,是一切地质作用的物质基础。在野外,学生在观察和描述一个地质现象时,首先遇到并需要解决的是构成各种地质现象的岩石类型,它的解决与否,将会影响紧跟其后的一系列地质工作的进行,所以,常常把三大岩类的野外鉴定方法作为一项重要的实训内容来训练。在野外,对于一个学生来说能否正确鉴定出各类岩石是非常重要的,也是野外工作最基本和必备的技能。由于在野外岩石鉴定受手段的限制,要鉴定出每块岩石的确切名称是很困难的,尤其是对于非地质专业的道路与桥梁工程技术专业、高等级公路维护与管理专业和公路监理专业的学生就更难了,但只要掌握一些基本方法和规律,主要岩类的区别还是较容易的。通过野外实训,学生必须达到在野外较熟练地区分三大岩类和一些常见岩石。

在野外鉴定一块岩石名称可按下列步骤进行:

(1)观察岩石的总体外貌特征(构造),初步鉴别出属于三大岩类的哪一类;

(2)借助放大镜、小刀,观察岩石的物质成分(矿物、碎屑物质、胶结物);

(3)根据岩石的结构特征确定出次一级岩石类型;

(4)根据岩石的产出状态定出岩石的大体名称。

如在野外某一地点所观察到的岩石在外貌上成层性很好,发育沉积层理,从而可确定为沉积岩;岩石由碎屑物质和胶结物组成,可知是碎屑沉积岩;碎屑物主要为石英、长石,岩石具粗粒结构,所以岩石的名称为粗粒长石石英砂石。

常见的岩石分类如下:

- 岩石
  - 岩浆岩
    - 喷出岩:玄武岩、安山岩、流纹岩
    - 浅成岩:辉绿岩、安山玢岩、花岗斑岩
    - 深层岩:辉长岩、闪长岩、花岗岩
  - 沉积岩
    - 碎屑沉积岩:砾岩、砂岩、泥岩、页岩
    - 化学沉积岩:石灰岩、白云岩
    - 生物沉积岩:生物碎屑岩、礁灰岩
  - 变质岩
    - 区域变质岩:板岩、千枚岩、片岩、片麻岩
    - 接触变质岩:石英岩、大理岩
    - 动力变质岩:糜棱岩

一、岩浆岩的野外鉴定

岩浆岩是由岩浆或熔浆冷凝结晶或火山碎屑颗粒堆积而成的岩石,所以,具有以下特点:

1. 侵入岩无层理现象,具块状构造。喷出岩多具气孔、杏仁、流纹等构造。这些是岩浆

岩区别于其他岩石的主要特征。

2. 组成岩石的矿物较复杂，既有稳定的矿物，如石英、长石，又有在地表条件下不稳定的矿物，如橄榄石、辉石、黑云母。

3. 矿物颗粒不具磨圆度，具有特定的晶形。在深成岩中，全晶质结构，矿物颗粒之间为直接接触，无胶结物之类的物质。在喷出岩中具斑状、似斑状结构，斑晶常保存矿物自身的形态（棱角明显），完全不同于沉积岩的碎屑颗粒；基质为隐晶质、显晶质或非晶质，其成分与斑晶基本相同。

4. 侵入沉积岩中的浅成岩，在产状上可与沉积岩一致或不一致。当不一致时，如岩墙，浅成岩很容易鉴别出来；当一致时，如岩床、岩盘等，可根据矿物成分、结构、构造等特征区分。

5. 岩浆岩中不含生物化石。

6. 在地貌上，如果没有构造的影响，它常形成波状起伏的地形，而不会出现像沉积岩地区的陡壁与缓坡相间排列的现象。

二、沉积岩的野外鉴定

沉积岩是在外力地质作用过程中，经沉积成岩作用形成的岩石，主要分布于地表或近地表。在宏观上，它具有以下特征：

1. 具有明显的成层性，是一层层叠置在一起的，这一特征是沉积岩的层理构造，它与岩浆岩的块状构造、变质岩的片状构造有很大的差别。这也是野外鉴定沉积岩的主要标志。

2. 沿垂直层理方向，组成岩石的物质成分常具有规律的变化，有时相同的物质成分会相间出现，组成多个沉积韵律。

3. 沉积岩中常发育一些沉积构造，如交错层理、水平层理等，以及一些层面构造，如龟裂、波痕等。

4. 在碎屑沉积岩中，物质成分可分为两部分，即碎屑颗粒和胶结物，碎屑颗粒常是一些较稳定的矿物，如石英、长石、白云母等，或者是岩石碎屑，而且它们一般都是具有一定的磨圆度。充填于颗粒之间的胶结物很细，肉眼看不见颗粒大小，只见碎屑颗粒表面包有一层细物质，其成分不同于碎屑颗粒，主要有铁质、钙质、硅质、泥质等。

5. 化学沉积岩的颜色常较深，无碎屑结构，见不到矿物颗粒，致密块状构造。

6. 岩石中常含有生物化石。

7. 在地貌上，沉积岩出露地区常由陡壁和缓坡构成，并相间出现，沿层面方向形成缓坡。

三、变质岩的野外鉴定

变质岩是由原岩经变质作用而形成的，因此在成分及结构、构造方面都比较复杂。概括起来，变质岩具有以下特点：

1. 具有一些特殊的构造，如板状构造、片状构造等。矿物常具定向排列。

2. 具有一些特殊的变质矿物，如绢云母、蛇纹石、石榴子石等。

3. 不同类型的变质岩在分布上具有一定的规律性。接触变质岩分布于岩浆岩与围岩的接触带上，动力变质岩沿断裂带分布，区域变质岩大面积分布。

四、岩性描述的方法及内容

在野外，除记录一些地质现象和认识岩石外，还要对所见到的岩石进行岩性描述，以便自己和他人查阅。岩性描述的常规方法是先外观、后内部，先总体、后局部。观察要仔细，描述要认真，术语要准确。描述内容包括岩石的颜色、成分、结构、构造、产出状态及时代。

(一)岩石的颜色

岩石的颜色是指岩石的总体外观(新鲜面)的颜色。由于岩石出露地表，风化作用后，岩石表面颜色和新鲜面颜色常不一致，描述时须加以区分，如石灰岩的风化面为灰白色，新鲜面为深灰色。有些岩石由于组成成分较复杂，颜色也较杂，描述时可以一种颜色为主，前面加上修饰词，如浅红色、黄绿色、灰黄色等；如果各种颜色平分秋色，可用杂色来形容。描述时还可采用类比法，如橘黄色、砖红色、肉红色等。

(二)岩石的成分

岩石的成分是指岩石的物质组成。不同类型的岩石，其物质组成相差很大，如花岗岩主要由正长石、斜长石、石英、黑云母等组成，石英砂岩主要由石英组成。无论是何种岩石，在野外描述时，除了描述主要矿物名称外，还要描述各种矿物的相对含量。矿物相对含量的确定，常参照标准含量图进行估测。在野外，矿物成分的鉴定一般用肉眼或借助于放大镜、小刀、盐酸等进行。所以，要求学生要记住一些常见造岩矿物的鉴定特征，如石英、正长石、斜长石、角闪石、辉石、黑云母、石榴子石、方解石等，否则在野外对这些矿物鉴定就束手无策了。

(三)岩石的结构

岩石的结构是指组成岩石矿物的结晶程度、形态、颗粒大小及其相互关系。岩石的结构与成因关系密切，不同成因的岩石具有不同的结构，如碎屑沉积岩具碎屑结构、深成侵入岩具全晶质结构、大理岩具变晶结构。

结晶程度是指组成岩石物质的结晶好坏，一般分结晶质的和非结晶质的，结晶质的又分为显晶质的(肉眼能观察到矿物颗粒大小)和隐晶质的(肉眼观察不到矿物颗粒大小)。在野外，隐晶质与非晶质区分较难，其区分方法是：隐晶质的岩石表面光泽较暗淡，断面为参差状；而非晶质岩石表面常呈玻璃光泽。断面为贝壳状。

形态是指组成岩石矿物的外形，对非晶质就无形态可言了。在碎屑沉积岩中，形态实际上是指矿物或岩屑的磨圆度；在岩浆岩和变质岩中，常用自形、半自形和他形来描述矿物的形态。自形是指矿物的自然结晶的形态；半自形是指矿物部分具自然结晶形态而其他部分为非矿物的自然形态；他形是指矿物无自然结晶形态。

颗粒大小是指矿物的粒径。根据组成岩石的矿物相对大小，又可分为等粒结构和不等粒结构。不等粒结构中常见的有斑状结构和似斑状结构。沉积岩中的分选性好坏实际上就是表现等粒和不等粒的特点。

(四)岩石的构造

岩石的构造是指岩石中各种矿物集合体在空间排列及充填方式上所表现出来的特征。若矿物在岩石中是均匀分布的，没有异向性，就称为块状构造。在沉积岩中常见的有层理构造和层面构造；火山岩常见的有气孔构造、杏仁构造、流纹构造；变质岩有片理构造。

（五）岩石的产出状态

岩石的产出状态是指岩石空间的位置。岩浆岩的产出状态分深成侵入岩（岩基、岩株）、浅成侵入岩（岩墙、岩床、岩盘等）、喷出岩。沉积岩和变质岩的产出状态就是其产状。

（六）岩石的时代

岩石的时代是指岩石的形成时代。若描述的是沉积岩，那它产于何时代的地层中，地层的时代就是岩石的形成时代。若是岩浆岩可根据它与围岩的侵入接触关系确定时代。

岩性的描述示例见《工程地质》教材。

第四章　地质构造的野外观察

地质构造的规模有大有小。大的如构造带,可以纵横数千千米,小的如岩石中的片理,不到 1 mm。尽管规模大小不同,但它们都是地壳运动造成的永久变形和岩石发生相对位移的踪迹,因而,它们在形成、发展和空间分布上,都存在有密切的内部联系。

野外的构造研究是从露头上可见的小型构造入手,观察描述其形态、结构要素和产状类型等,查明不同构造之间的空间组合关系和时间上的发育顺序。然后,将不同露头的地质现象联系起来分析确定其与大型构造的关系。对于道路与桥梁工程技术专业、高等级公路维护与管理专业和公路监理专业的学生来说,对于地质构造的研究主要是在野外能识别出各种构造现象并分析其对道路与桥梁的影响。

一、单斜构造的野外观察

由于地壳运动,使原始水平产状的岩层发生构造变动,形成倾斜岩层。当岩层层面和大地水平面的夹角介于 10° ~70°时,称为单斜构造,这是最简单的一种构造变动,也是层状岩石最常见的一种产状状态。由单斜构造组成的地貌称为单山面,由大于 40°倾斜岩层构成的山岭称为猪背岭。

单斜岩层可以是某种构造的一部分,如为褶皱的一翼或断层的一盘(见图 4-1),也可以是地壳不均匀下降引起的区域性倾斜,在野外工作中,可用地质罗盘仪测定岩层产状,若某地区的岩层向同一方向倾斜,倾角也大致相同,则为单斜构造。

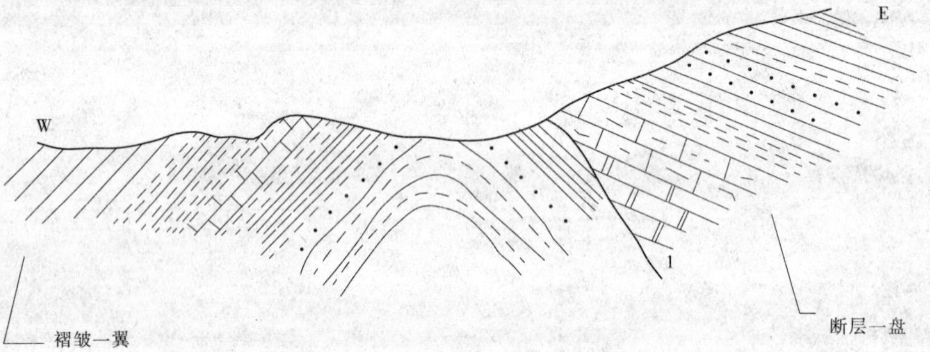

图 4-1　单斜岩层褶皱的一翼或断层的一盘

在单斜岩层分布的地区,公路测设应特别注意路线走向与岩层产状的关系。当路线走向与岩层走向一致时(如图 4-2 中①),公路布线一般认为顺向坡有利,因逆向坡的坡麓常有松散的坡积物或崩积物,对路基的稳定不利;但是如果顺向坡的单斜层面的倾角 >45°,且层位较薄,或夹有软弱岩层时,则易形成边坡坍塌或滑坡(见图 4-3)。当路线走向与岩层走向正交时,如果没有倾向于路基的节理存在,则可形成较稳定的高陡边坡(如图 4-2 中②)。当路线走向与岩层走向斜交时,其边坡稳定情况介于上述两者之间(如图 4-2 中③)。

二、褶皱构造的野外研究

空间上地层的对称重复是确定褶皱的基本方法。多数情况下,在一定区域内应选择和

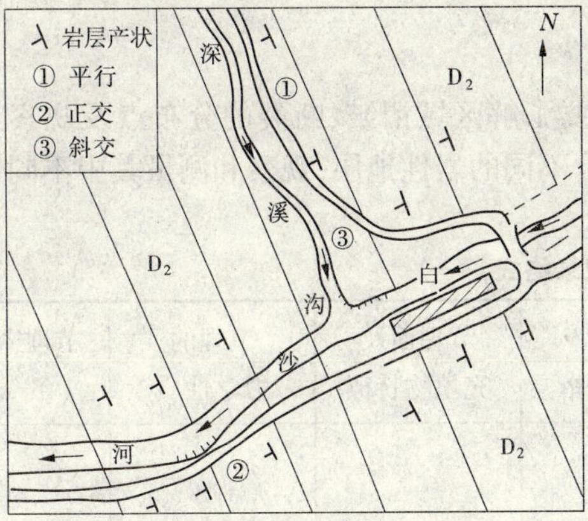

图 4-2　路线走向与岩层产状的关系

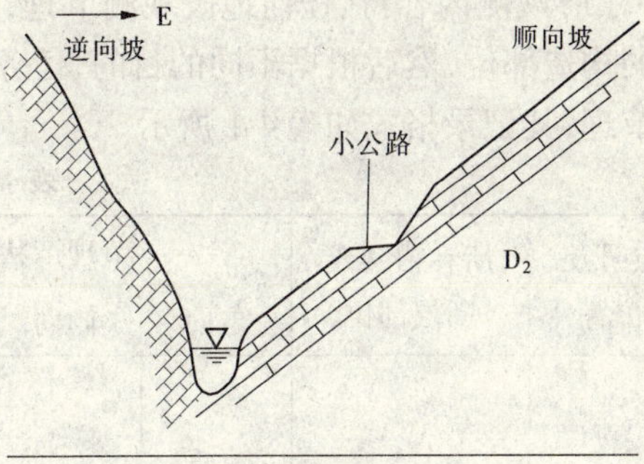

图 4-3　单斜构造示意图

确定标志层,并对其进行追索,以确定剖面上是否存在转折端,平面上是否存在倾伏或扬起端。在变质岩发育地区或构造变形较强地区,要注意对沉积岩的原生沉积构造进行研究,以判定是正常层位还是倒转层位。

褶曲的野外观察:褶皱构造的一个弯曲称为褶曲。褶曲的基本形态包括向斜和背斜。向斜褶曲是岩层向下凹陷的弯曲,背斜褶曲是岩层向上隆起的弯曲。但是,野外观察褶曲构造不能简单地以地形起伏作为依据,要注意背斜谷、向斜山这种逆构造地形。褶曲野外观察有穿越法和追索法。

穿越法:沿选定的调查路线,垂直岩层走向进行观察。此法便于了解岩层的产状、层序及其新老关系,如果在路线通过地带的岩层呈有规律地重复出现,则必为褶皱构造,再依据层序及其新老关系,判断是背斜还是向斜,然后进一步分析两翼岩层产状和两翼与轴面的关系,判断褶曲的形成类型。

追索法:平行岩层走向进行观察。此法便于查明褶曲延伸方向及其构造变化情况,一般两翼岩层在平面上平行展布时为水平褶曲,两翼岩层在转折端闭合时为倾伏褶曲。野外工作时,以穿越法为主,追索法为辅,穿插使用。

三、节理的野外观察

节理,是岩块未发生明显相对位移的断裂现象。节理是地壳表层广泛发育的、呈有规律成组分布的构造现象。节理的存在对工程活动有好的一面,也有不利的一面。由于节理能使岩体的完整性遭到破坏,降低了岩体的强度和稳定性。当其彼此贯通时,又成为地下水活动的通道,加速了岩体的风化破坏。但节理的适当发育却有利于石料的采集和减少工程施工量。

应特别指出的是,在高坡切坡地段的节理产状对其边坡的稳定性至关重要。当有一组节理倾向于路基,或有两组节理呈楔形分布与路线斜交时,就有可能造成边坡失稳而发生崩塌或滑坡。

(一)观察点的选择

野外观察点是根据所要解决的问题选定的。每一观测点范围视节理的发育情况而定,一般要求几十条节理可供观测,而且最好将观测点布置在既有平面又有坡面的露头上,以利于全面理解节理。

(二)节理的调查

(1)观测内容:在任何地段观测节理,首先要了解区域褶皱、断裂的分布点及观察点所在的构造部位,然后根据不同的目的、任务,区分不同的岩性地层,观察和测量其中不同性质的节理,其记录格式如表4-1所示。

表4-1 记录格式

点号及位置	所在褶皱或断层部位	节理产状			节理面及充填物特征	节理的力学性质	节理密度(条/m)
		走向	倾向	倾角			

(2)区分节理的力学性质(是张节理、剪节理),并根据其性质作进一步的细分。

节理若被脉体充填,调查时要尽量收集脉的产状、规模、形态、间隔、充填矿物的成分及生长方向等数据。

(3)在选定地点内,对所有节理产状进行系统测量。测定方法和岩层产状要素测定的方法一样。

四、断层的野外观察

断层是地壳的主要构造形迹之一,断层的性质、特征及规模在很大程度上控制一个地区的复杂程度。大量实践证明,在工程地质勘察中,对断层的研究已成为一个非常重要的内容。

(一)断层的野外识别

断层研究,对于道路与桥梁工程技术专业、高等级公路维护与管理专业和公路监理专业的学生来说,就是要在野外认识断层,并识别断层类型。断层的野外识别标志包括构造、地层、地貌、岩相和厚度变化等。

(1)地层特征:岩层重复或缺失、岩脉错断等可能是断层的存在标志。

(2)地貌特征:当断层断距较大时,上升盘的前缘常形成断层崖,经剥蚀形成断层三角面地形,断层破碎带下切形成峡谷地形。此外,山背错开、河谷跌水瀑布等地貌均可能是断层存在的标志,所以,地质学上有一种说法即逢沟必断。

(3)断层伴生构造现象,它是断层存在的可靠标志,如图4-4所示。

断层根据两盘相对位移,可分为以下三个基本类型:

(1)正断层:正断层的上盘沿断层面相对向下滑动,下盘则相对向上滑动。正断层产状一般较陡,大多在45°以上,而以60°~70°者最为常见。大型正断层的陡直断层面向地下深处常常变缓。正断层带内岩石破碎相对不太强烈,角砾岩多带棱角,通常没有强烈挤压形成的复杂小褶皱等现象。

(2)逆断层:逆断层的上盘沿断层面相对向上滑动,下盘则相对向下滑动。逆断层产状一般相对较缓,其倾角一般在30°左右或更缓。逆断层常常显示出强烈的挤压破碎现象,形成角砾岩、碎粒岩和超碎裂岩等断层岩,沿逆断层还常常出现劈理化、节理化、剪切带或各种

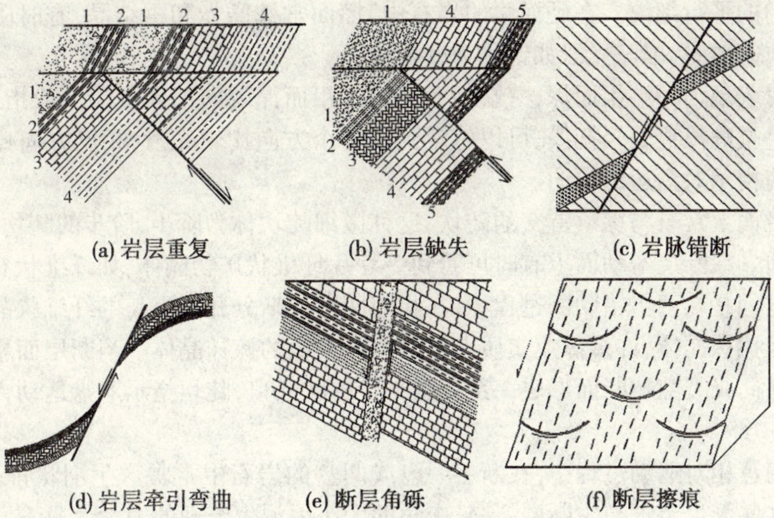

(a) 岩层重复 (b) 岩层缺失 (c) 岩脉错断

(d) 岩层牵引弯曲 (e) 断层角砾 (f) 断层擦痕

图 4-4 断层现象

复杂揉褶,这些构造常呈带状排列,或呈交织穿插状。逆断层两侧岩层常常具有强烈的变形特征。

(3)平移断层:平移断层的两盘顺断层走向相对移动。平移断层面一般陡峻直立。由于断层陡峻,从横剖面观测时常与正或逆断层效应一致,有时还具有一定程度的顺倾斜滑动,所以一些大型平移断层常被误认为正或逆断层。大型平移断层常常表现为强烈破碎带、密集剪裂带、角砾岩带和超碎裂岩化带等,与其他两类断层比较,剪裂破碎现象更加强烈。

(二)断层两盘运动方向的确定

断层在一定阶段的活动性质常常具有相对稳定性,这种运动总会在断层上或其两盘留下一定的痕迹,这些痕迹或伴生现象成为分析判断断层两盘相对运动的主要依据。但同时,断层运动是复杂的,一条断层常常经历了多次脉冲式滑动,因此在分析并确定两盘相对运动时,应充分考虑其复杂多变性。

1. 根据两盘地层的新老关系

分析两盘中地层的相对新老,有助于判断两盘的相对运动。当断层走向大致平行岩层走向(即走向断层),上升盘一般出露老岩层,或老岩层出露盘常为上升盘。但是如果地层倒转,或断层倾角小于岩层倾角,则老岩层出露盘是下降盘。如果两盘中地层变形复杂,为一套强烈压紧的褶皱,那么,就不能简单地根据两盘直接接触的地层新老来判定相对运动;当断层与褶曲轴线垂直或斜交(即横断层切过褶曲)时,对背斜来说,上升盘核部变宽,下降盘核部变窄,对于向斜情况刚好相反。

2. 牵引构造

断层两盘紧邻断层的岩层,常常发生明显的弧形弯曲而形成牵引褶皱,并且以褶皱的弧形弯曲的突出方向指示本盘的运动方向。一般说来,变形越强烈,牵引褶皱越紧闭。为了准确进行判断,应在平面上和剖面上同时进行观察,并结合断层两盘相对运动的其他特征,作出断层两盘相对运动的适当结论。

3. 擦痕和阶步

擦痕和阶步是断层两盘相对错动在断层面上因摩擦等作用而留下的痕迹。擦痕表现为一组比较均匀的平行细纹。在硬而脆的岩石中，擦面常被磨光和重结晶，有时附以铁质、硅质或碳酸盐质等薄膜，以至光滑如镜称为摩擦镜面。

擦痕有时表现为一端粗而深，一端细而浅。由粗而深端向细而浅端一般指示对盘运动方向。如用手指顺擦痕轻轻抚摸，可以感觉到顺一个方向比较光滑，相反方向比较粗糙，感觉光滑的方向指示对盘运动方向。

在断层滑面上常有与擦痕首交的陡坎，这种微细陡坎称为阶步，阶步的陡坎一般面向对盘的运动方向。在断层滑动面上有时可看到一片片纤维状矿物晶体，如纤维状石英、纤维状方解石等。它们是在两盘错动的过程中，在相邻两盘逐渐分开时生长的纤维状晶体，这类纤维状晶体称为擦抹晶体，许多擦痕实质上就是十分细微的擦抹晶体。当断层面暴露时，各纤维晶体常被横向张裂隙拉断而形成一系列微小阶梯状断口，陡坎指示对盘运动方向。

4. 羽状节理

在断层两盘相对运动过程中，在断层一盘或两盘的岩石中常常产生羽状排列的张节理和剪节理。这些派生节理与主断层斜交，交角的大小因派生节理的力学性质不同而有差异。羽状张节理与主断层常呈45°相交，羽状张节理与主断层所交锐角指示节理所在盘的运动方向。

断层派生的节理除羽状张节理外，还可能有两组剪节理，一组与断层面成小角度相交，交角一般在15°以下，即内摩擦角的一半，另一组与断层成大角度相交或直交。小角度相交的一组节理，与断层所交锐角指示本盘运动方向。断层派生的两组剪节理产状较不稳定，或被断层两盘错动而破坏，所以，不宜用来判断断层两盘的相对运动。

5. 断层两侧小褶皱

由于断层两盘的相对错动，断层两侧岩层有时形成复杂的紧闭小褶皱。这些小褶皱轴面与主断层常成小角度相交，所交锐角指示对盘运动方向。

6. 断层角砾岩

如果断层切割并挫碎某一标志性岩层，根据该层角砾在断层面上的分布可以推断断层两盘相对位移方向。有时断层角砾呈规律性排列，这些角砾变形的XY面与断层所夹锐角指示对盘运动方向。

根据断层面产状和两盘相对滑动方向可以确定断层的性质。

(三)断层的规模观测

确定了断层的性质后，要追索断层的延伸情况，并把断层圈定在地质图上和测定断距大小以确定其规模。

测定断距的方法很多，其中最简单的方法，一般是在露头上采用剖面法求视断距，根据断层造成的缺失或重复的地层厚度来估算，或根据构造窗后缘与最远飞来峰之间距离确定最短位移距离。

第五章　地貌形态的认识

地貌是指地球表面由不同动力因素所造成的不同类型、不同规模的起伏形态，根据道路与桥梁工程技术专业、高等级公路维护与管理专业和公路监理专业的特点，需要着重分析山地地貌、平原地貌及流水地貌。

山地地貌：具有明显的山顶、山坡、山脚的形态要素。它具有一定的绝对高度、相对高度和坡度。野外实训过程中要特别注意山地地貌中垭口形态、类型的观察及山坡坡度的确定。

平原地貌：平原地貌是地壳微度升降运动或处于相对稳定的条件下，受长期风化剥蚀作用，使大地被夷平而成；或在下降幅度虽大，但沉积补偿也大的条件下形成的。其特点是地势开阔平缓，地面略有起伏。

流水地貌：流水地貌是指经地表流水的侵蚀、搬运、沉积作用所塑造的各种地貌形态。野外实训过程中要注意观察坡积物、洪积层及冲积物的特点和河流阶地的存在。

指导老师：	评阅老师：	得分：

指导老师：	评阅老师：	得分：

附　录

一、第四纪堆积物成因类型代号

沉积物名称	代号	沉积物名称	代号	沉积物名称	代号
冲击堆积物（冲击层）	aLQ	残积堆积物（残积层）	eLQ	风积堆积物（风积层）	eoLQ
洪积堆积物（洪积层）	PLQ	坡积堆积物（坡积层）	dLQ	崩积堆积物（崩积层）	coLQ

二、地层时代符号及着色

Kz 新生界	M 时代不明的变质岩层	K 白垩系 草绿色	D 泥盆系 褐色
Mz 中生界	Q 第四系 黄色	J 侏罗系 蓝色	S 志留系 靛青色
Pz 古生界	R 第三系 橙色	T 三叠系 紫色	O 奥陶系 深蓝色
P_t 元古界	N 下第三系 淡橙色	P 二叠系 棕色	∈ 寒武系 橄榄绿色
Ar 太古界	E 下第三系 深橙色	C 石灰系 灰色	Z 震旦系 蓝灰色

跨统、跨系和时代不确定的地层单位，在用符号表示时，分别不同情况采用连号或加号，例如：

C_{2+3} 表示整个中石炭统和上石炭统的总和

∈+O 表示寒武系和奥陶系的总和

C_{2-3} 表示包括中石炭统和上石炭统的邻接部分

三、岩石符号

1. 岩浆岩

r 花岗岩	γ_x 花岗斑岩	λ 流纹岩
δ 闪长岩	δ_x 闪长斑岩	α 安山岩
v 解长岩	v_x 辉绿岩	β 玄武岩

2. 沉积岩

C_g 砾岩	S_g 砂岩	S_n 页岩
b_{1a} 角砾岩	M_s 泥灰岩	L_s 石灰岩

3. 变质岩

g_n 片麻岩	S 片岩	P_n 千枚岩
S_P 板岩	m_b 大理岩	q 石英岩

1. 岩浆岩

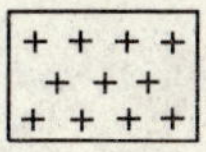 花岗岩
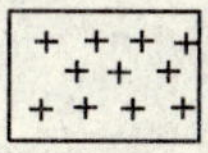 花岗斑岩
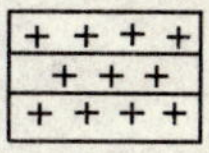 流纹岩
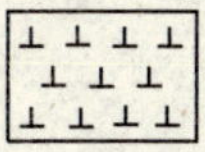 闪长岩
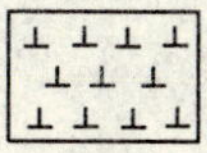 闪长玢岩
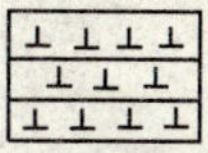 安山岩
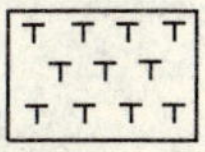 正长岩
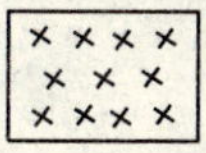 辉长岩
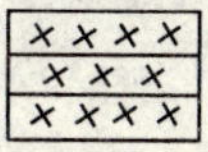 玄武岩

2. 沉积岩

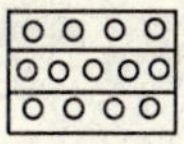 砾岩
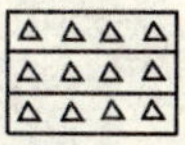 角砾岩
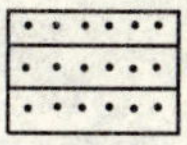 砂岩
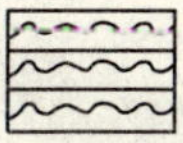 页岩
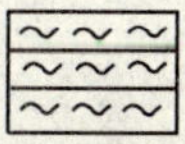 泥岩
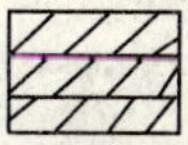 泥灰岩
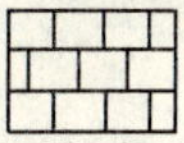 石炭岩
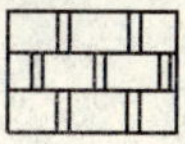 白云岩
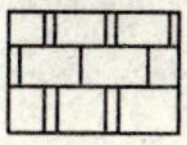 白云质灰岩

3. 变质岩

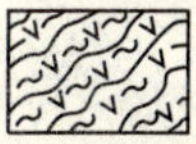 片麻岩
 片岩
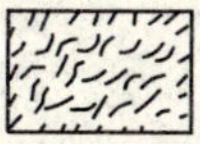 千枚岩
 板岩
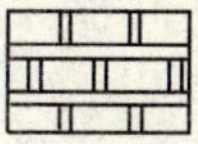 大理岩
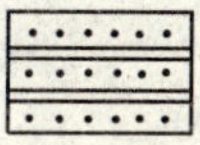 石英岩

4. 地质构造符号

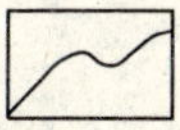 地质界线
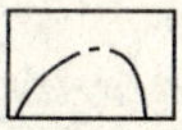 岩浆侵入体界线
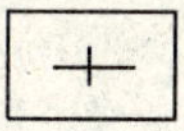 水平岩层产状
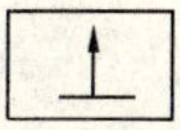 垂直岩层产状
 岩层产状
 背斜轴
 向斜轴
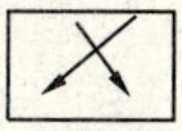 倾伏背斜轴
 倾伏向斜轴
 倒转褶曲
 正断层
 逆断层
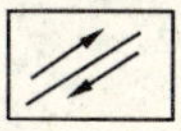 平推断层
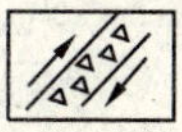 断层破碎带(断面图用)
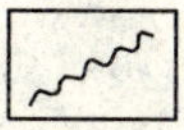 不整合接触线(断面图用)